沖縄と海兵隊

駐留の歴史的展開

屋良朝博
川名晋史
齊藤孝祐
野添文彬
山本章子

旬報社

目次

第2章　1960年代の海兵隊「撤退」計画にみる普天間の輪郭……川名晋史

第5章　在外基地再編をめぐる米国内政治とその戦略的波及
普天間・グアムパッケージとその切り離し

……齊藤孝祐

あとがき　173

沖縄本島の米軍基地

北部訓練場
奥間レスト・センター
伊江島補助飛行場
八重岳通信所
慶佐次通信所
キャンプ・シュワブ
キャンプ・ハンセン
辺野古弾薬庫
嘉手納弾薬庫地区
ギンバル訓練場
金武ブルー・ビーチ訓練場
金武レッド・ビーチ訓練場
天願桟橋
陸軍貯油施設
トリイ通信施設
キャンプ・コートニー
陸軍貯油施設
キャンプ・マクトリアス
嘉手納飛行場
キャンプ・シールズ
キャンプ桑江
キャンプ瑞慶覧
浮原島訓練場
普天間飛行場
ホワイト・ビーチ地区
牧港補給地区
那覇港湾施設
津堅島訓練場
泡瀬通信施設
宜野湾市
市の真ん中に
広大な基地が…
嘉手納町
地域の82.6%が基地
国道58号
米軍基地
・海兵隊
・それ以外

序　章

野添文彬・山本章子

1　本書の目的

本書は、米海兵隊の沖縄駐留の歴史的展開を実証的に検討した論文集である。

米海兵隊は、海軍、空軍、陸軍と並ぶ米国の4軍の一つだが、米軍総兵力約140万人のうち、陸軍約53万人、空軍約33万人、海軍約32万人に対して、約20万人と比較的小規模の軍隊である。海兵隊は、海上から敵地への上陸作戦、いわゆる「水陸両用作戦」を行い、本格的な陸上戦力の投入ができるよう橋頭堡を築くことを伝統的に基本任務としてきた。しかし冷戦終結以降、各国との共同演習や大規模災害救援・人道支援といった活動の比重が高まっている。2015年の海兵隊の政策文書によれば、このように各国との安全保障協力からさまざまな危機への対応、そして戦闘作戦まで幅広く即時に実行することのできる海兵隊の活動は、米国にとって軍事面だけでなく外交面でも重要だとされている[1]。

海兵隊の特徴として挙げられるのは、有事や危機の規模に応じて司令部、航空部隊、陸上部隊、兵站部隊を1セットにして展開する、海兵空地任務部隊（MAGTF）という組織編制をとることである。MAGTFには、約5万人の規模で大規模紛争に対応する海兵遠征軍（MEF）、約1万5000人の規模でより小さな紛争に対応する海兵遠征旅団（MEB）、2000～3000人の規模で紛争時の民間人救出や人道支援などを行う海兵遠征部隊（MEU）という組織形態がある。米海兵隊は、MAGTFの最大規模のMEFを3つ有しているが、カリフォルニアに司令部を置く第1海兵遠征軍（I MEF）、ノースカロライナに司令部を置く第2海兵遠征軍（II MEF）に対して、第3海兵遠征軍（III MEF）の司令部は唯一、米国外の沖縄にある。ここからもわかるように、米海兵隊にとって沖縄は重要な拠点である。

今日、日本には、約5万人の米軍が駐留しているが、海兵隊は、在日米軍の中でも海軍に次いで二番目に大きな兵力であり、その9割近くが沖縄に配備されている。沖縄には在日米軍の兵力の70.4%、米軍専用施設面積の73.8%が集中しており、在沖米軍の兵力の57.2%（約1万5000人）、施設面積の75.7%（約1万7472ha）を占めているのが海兵隊にほかならない[2]。このように米海兵隊は、日本、そして沖縄に駐留する米軍の中でも大きなプレゼンスを有している。

それゆえ、米海兵隊の沖縄駐留について検討することは、日本の安全保障や日米同盟を考える上で大きな意義を有する。そもそも日米同盟は、1951年に締結され、1960年に改定された日米安保条約をその基盤としてきたが、同条約は、日本が米国に基地を提供し、米国は軍隊を日本に提供して日本を防衛するという関係から成り立っていることから、「物と人との協力」といわれてきた[3]。したがって、在日米軍の中でも大きな規模を有する在沖海兵隊は、今なお「物と人との協力」を根幹とする日米同盟の実態を考える上で重要な素材となる。また、沖縄に在日米軍の多くが集中し、その在沖米軍の兵力と基地の大部分を海兵隊が占めていることを踏まえると、海兵隊の存在は、沖縄における基地問題を考える上でも不可欠の要素だといえる。

しかし、米海兵隊の沖縄駐留の歴史について正面から分析した研究はこれまでほとんど存在しなかった。各章で見るように、先行研究では、米海兵隊がどのように沖縄に移駐したのか、また冷戦期に在沖海兵隊がどのような役割を担っていたのか、といった個別的な点が検討されるにとどまっていた。

これに対して本書では、1950年代から2000年代にかけて、在沖海兵隊が再編される5つの局面に注目し、なぜ海兵隊は沖縄に駐留し続けたのか、そしてその配備のあり方はいかに変容してきたか、日米の公開された政府文書や議会資料などを用いて、実証的に分析する。これを通して、在沖海兵隊の実態をあぶりだし、それによって日米同盟のあり方を照射することが本書の目的である。

2　近年の在沖海兵隊をめぐる議論

近年、在沖海兵隊は、沖縄県宜野湾市にある普天間基地の名護市辺野古への移設問題をめぐって注目されている。1996年4月、日米両政府によって普天間基地の返還が合意されたものの、沖縄県内での移設をめぐり20年間にもわたってこの問題は迷走してきた。そして2006年5月の日米合意に基づき、日本政府は、市街地の真ん中にある普天間基地撤去とその基地機能の維持を両立させる「唯一の解決策」として、辺野古への代替施設の建設を推し進めようとしてきた。しかし沖縄では、当初から県内移設への反発が強く、2014年には、辺野古移設阻止を掲げる翁長雄志が沖縄県知事に当選した。この問題をめぐって沖縄県と日本政府の対立は深まっており、2015年12月からは両者の間で法廷闘争が開始されるに至っている[4]（2016年3月に和解が成立）。

この間、日本国内では、米海兵隊の沖縄駐留の安全保障上の意義をめぐって盛んに議論が繰り広げられてきた[5]。日本政府は、「安全保障上きわめて重要な位置にある」沖縄に、「高い機動力と即応性を有し、さまざまな緊急事態への対処を担当する」米海兵隊が存在することは、「日米同盟の実効性をより確かなものにし、抑止力を高め……わが国の安全のみならずアジア太平洋の平和と安定に大きく寄与している」と説明している[6]。

日本政府の説明と同様に、何人かの安全保障専門家によって、海兵隊が沖縄に駐留することの意義が次のように強調されてきた。第一に、沖縄の地理的重要性である。沖縄は、韓国まで2日、南シナ海まで3日、マラッカ海峡まで5日で陸上部隊を移動できる重要な位置にあり、東アジアにおける危機に対処する上で、沖縄に海兵隊が駐留する意義は大きいとされる[7]。

第二に、海兵隊による地域安定への貢献である。海兵隊が、沖縄を拠点として各国との多国間演習を行ったり、人道支援や災害救助といった活動を行ったりすることは、緊急事態に即時に対応できることを示し、アジア太平洋地域全体の安定につながるという[8]。こうして海兵隊は、単に潜在敵国を「抑止」するだけでなく、アジア太平洋地域全体の国々に安心感を与え、「国際公共財」としての役割を果たしているとされる[9]。

第三に、在沖海兵隊が日本とその周辺の有事で果たす役割の重要性である。在沖海兵隊は、朝鮮半島有事において、平壌に侵攻するために水陸両用作戦を行うことが、また台湾有事において、在台湾米国民の保護・救出(NEO)のため投入されることが、それぞれ想定されるという。加えて、尖閣諸島がもし占有された場合には、自衛隊独力での奪還は困難であるため、海兵隊との共同作戦が不可欠になるといわれる[10]。

第四に、海兵隊が沖縄に駐留することは、米軍全体の抑止力の信憑性を高めるとされる。陸上兵力は展開に時間がかかり、いったん投入されれば簡単に撤退できない。それゆえ、海兵隊や陸軍のような陸上兵力、いわゆる「ブーツ・オン・ザ・グラウンド」を沖縄に配備しておくことは、米国の地域に対する強いコミットメントを示すというのである[11]。

これらの議論に対して、海兵隊の沖縄駐留の意義に否定的な安全保障専門家からは、次のような反論が提示されている。第一に、沖縄の地理的優位性への疑問である。日本政府や多くの安全保障専門家が、沖縄から朝鮮半島や台湾との近さを強調するのに対し、九州の福岡や熊本、そして大分から朝鮮半島や台湾との距離を比較すると、実は沖縄とあまり違いはないという[12]。また近年では、中国のミサイル技術の向上により、沖縄の地理的優位性が揺らいでいるとも指摘される。いざという時、海兵隊をはじめとする沖縄の米軍は、むしろその近接性ゆえに、中国のミサイルの格好の標的となりかねないというのである[13]。

さらに、海兵隊の活動拠点が沖縄でなければならないという点についても疑問が出されている。上述のように、近年、海兵隊は、災害救助や人道支援といった活動が多くなっている。広くアジア太平洋地域でこれらの活動を行う上で、沖縄に駐留することは不可欠ではないのではないかというのである[14]。しかも、在沖海兵隊が移動手段とする強襲揚陸艦が配備されているのは長崎県の佐世保である。近年においては、米国はオーストラリアやグアムへの海兵隊の分散化を進めている。したがって、海兵隊がアジア太平洋地域に果たす役割を認めるにしても、沖縄に配備される軍事的必然性はないのではないかと指摘されている[15]。

事実、日本側でも、安全保障専門家で防衛相もつとめた森本敏は、2012年12月、退任する際の記者会見で、海兵隊の沖縄駐留について、「軍事的には沖縄でなくてもよい」と認めた。しかしその上で森本は、必要な訓練を行い、陸上・航空などのMGTAFの機能を兼ね備えた状況を政治的に許容できる場所は沖縄しかないので、「政治的に考えると、沖縄がつまり最善の場所である」と述べたのだった[16]。

また、有事における海兵隊の役割についても疑問が提示されている。まず、第3海兵遠征軍は、沖縄駐留の擁護派すら認めるように、「主要部隊の3分の1がかけており、有事に必要が生じれば、米本国からの増援を得て完全な形になる」[17]。また、近年の戦争では、海兵隊を動かすまえに海軍、空軍がまず制海権・制空権を握ってから、陸上部隊を投入するのが常識的な戦闘パターンである[18]。こうした中で、朝鮮半島有事や台湾有事での在沖海兵隊の役割を強調する論者の議論は、「具体的な安全保障のシナリオにおいて抑止力がいかに機能するのか、彼らは極めてあやふやであり、かつ大まかになりがち」だと批判される[19]。

尖閣諸島についても、米国政府は、日米安保条約第5条の適用範囲であることを表明している一方で、その領有権について中立的な立場をとり、日中双方に対話による解決を呼びかけている。それゆえ、尖閣防衛のために海兵隊を投入する点について、米国の意思が強いとはいえない。何よりも、尖閣防衛の一義的な責任は日本にある[20]。こうした点から、朝鮮半島有事や台湾有事、さらに尖閣有事において、在沖海兵隊が不可欠の戦略的役割を果たす訳ではないというのである。

さらに、在沖海兵隊が示す米国の安全保障上のコミットメントの信憑性についても、客観的でないという批判が存在する。日本政府は、在沖海兵隊を通して、米国の安全保障上のコミットメントの信頼性に執着しているが、それは、「米国のコミットメントに対する彼ら自身の不安感」の表れという主観的・心理的なものに過ぎないというのである[21]。

このように海兵隊の沖縄駐留をめぐる議論は真っ向からぶつかっているように見える。そこには、「物と人との協力」としての日米同盟はどうあるべきなのか、すなわち、必要な「人」とはどのような米軍で、「物」としての米軍基地をどこに置くのか、という根本的な問いが内在している。つまり在沖海兵隊は、日米同盟のあり方をめぐる重要な論点となっているのである。

もっとも本書は、このような在沖海兵隊の意義をめぐる論争に明確な回答を示すことを直接の目的とはしていない。そうではなく、一見遠回りに見えるかもしれないが、在沖海兵隊とは何かについて、歴史的に検証することを目指している。このような基礎的で地道な作業を積み上げることこそが、より地に足の着いた、日本の安全保障と日米同盟のあり方についての議論を行う上で不可欠だと考えるからである。

3　米海兵隊の歴史

まず、本書の議論の前提として、米海兵隊がどのような歴史をたどってきたのか、概観しておきたい[22]。

米海兵隊の誕生は、独立戦争が始まって間もない1775年11月10日、わずか2個大隊の大陸海兵隊の創設を大陸会議が決議したことにさかのぼる。海兵隊が作られたのは、特別に戦略的考慮があったからではなく、敵国である英国が海兵隊を持っていたので、それを真似ようとしたからに過ぎなかった。この時期海兵隊は、平時には水夫に規律を守らせて船の安全を維持し、戦時には船上で敵兵を狙撃したり敵艦への切り込みをしたりすることを任務としていた。

しかし、創設当初から海兵隊は、同じ米軍の中でも、陸軍や海軍から予算配分上の脅威として認識されていた。しかも時代を経て帆船から鋼鉄艦へと船の技術が進歩すると、海兵隊の不要論が主張される。実際、海兵隊の軍事的役割はあいまいなままであり、この後も繰り返しその存在意義が問われることになる。これに対して海兵隊は、政治的後ろ盾を活用して組織防衛を図って行くのである。

第一次世界大戦後、兵力が大幅に削減され、再度組織存亡の危機に立たされた海兵隊では、今日につながる「水陸両用作戦」が考案される。ここでは、太平洋での日本軍との戦いを想定して、海軍の船で遠征し、海岸から攻め上がって敵の前進基地を奪取するという「水陸両用作戦」こそが海兵隊の最も重要な任務だと提唱された。実際、太平洋戦争では、米軍の中では海兵隊が主力となってガダルカナル、サイパン、ペリリュー、硫黄島、沖縄などで「水陸両用作戦」を敢行していった。

しかし第二次世界大戦が終結すると、平時に向けた米軍の再編の中で、海兵隊は大幅に人員を削減され、再び組織存続の危機に直面する。さらに核兵器の出現によって、米軍内部でも、海兵隊による大規模な「水陸両用作戦」は今後行われないだろうといわれていた。

こうした中、海兵隊の意義を改めて知らしめることになったのが、朝鮮戦争である。1950年6月に北朝鮮の韓国侵攻によって始まった朝鮮戦争では、当初、米軍を中心とする国連軍は半島南部へと追いつめられた。これを挽回するために、第1海兵師団を主力として米軍による仁川上陸作戦が実施され、作戦は成功する。これを評価して1952年、米議会は、「ダグラス・マンスフィールド法」を制定し、海兵隊は3個師団、3個航空団が維持されることが定められる。これ以降、今日に至るまで、海兵隊は3個師団、3個航空団を保持している。

その一方で仁川上陸作戦は、中国義勇軍の朝鮮戦争参戦を招くことにもなり、この後、米国政府は「水陸両用作戦」は戦争のエスカレーションを招くとしてその実施に慎重になる[23]。実際、仁川上陸作戦以降、今日まで米海兵隊による大規模な「水陸両用作戦」は実施されていない。

4　海兵隊沖縄駐留の歴史と各章の概要

朝鮮戦争の勃発は、冷戦下で、米国の海外基地ネットワークが拡大されていく重要な契機となった。すでに第二次世界大戦終結前後の時期には、米軍部はソ連に対抗するべく世界中に基地を保有することを計画していた。その計画の実現には紆余曲折あったが、米ソ冷戦の本格化とともに、米国は世界中に巨大な基地を有することになる[24]。そして朝鮮戦争は、米国の海外基地としての日本と沖縄の位置づけにも大きな影響を与えた。朝鮮戦争によって米国政府は改めて在日基地の重要性を再確認し、1951年9月に調印された日米安保条約で、独立後も日本には引き続き米軍が駐留することになる[25]。アジア太平洋戦争末期以降米軍に占領されていた沖縄についても、冷戦が東アジアにも波及する中で、米国政府はその長期的保有と基地建設を進めていくことを決定した。そして朝鮮戦争によって、米国政府は沖縄基地の戦略的重要性を改めて認識し、基地建設を促進していくのである[26]。

このような中、朝鮮戦争休戦前後から1950年代後半にかけて、第3海兵師団や、第1海兵航空団の一部が、日本本土から沖縄に移駐する。そしてこれ以降、海兵隊は沖縄に駐留し続けることになる。それでは、在沖海兵隊はどのような歴史をたどってきたのか。

本書は、在沖海兵隊の配備のあり方が、世界規模の米軍再編とともに大きく変化した、朝鮮戦争休戦後の1950年代後半、ベトナム戦争末期の1960年代末、ベトナム戦争終結後の1970年代、冷戦終結直後の1990年代、そして2000年代という5つの局面に注目してその歴史を論じる。

1950年代、海兵隊が日本本土へ移駐し、さらにその後、沖縄に移駐する過程を検討しているのが、第1章の山本章子論文である。山本論文によれば、海兵隊が沖縄に移駐したのは、朝鮮戦争後の米軍再編や、アジア冷戦の展開、そして日本国内の反基地運動の高まりといったさまざまな出来事に対する米国政府内の政策調整の結果であった。沖縄への海兵隊の配備は決して戦略的考慮だけによるものではなかったが、むしろこの後、1960年代のベトナム戦争に向け、沖縄は出撃拠点として戦略的に重視され、強化されていったのである。

こうして沖縄に配備された海兵隊は、1960年代には、ベトナム戦争で大きな役割を果たす。北爆の開始によって米国がベトナム戦争への本格的介入を開始した直後の1965年3月6日には、沖縄を拠点とする第3海兵師団の部隊約3500人が南ベトナムのダナンに上陸する。これは、ベトナムに投入された初めての米陸上実戦部隊だった。その後、海兵隊は次々にベトナムに投入され、ピーク時の1968年には約8万人にまで膨れ上がる[27]。

しかし、ベトナム戦争の泥沼化によって、米国政府は、1968年を境に米軍配備の見直しを開始する。第2章の川名晋史論文は、この時期、米国政府内で沖縄からの海兵隊の撤退や普天間基地の閉鎖が検討されたことを明らかにしている。川名論文によれば、国防省内で提起された在沖海兵隊撤退や普天間基地閉鎖は、米軍部から猛烈な反対を引き起こし、逆説的に在沖海兵隊が維持・強化されるきっかけとなった。

その後、ベトナム戦争の終結や米中接近など、アジアに緊張緩和が進展した1970年代前半においても、米国政府内では、引き続き沖縄からの海兵隊撤退が検討される。これに対して日本政府は、安全保障上の不安などから在沖海兵隊の維持を要請する。このような1970年代の在沖海兵隊をめぐる日米の思惑とその相互作用を検討したのが、第３章の野添文彬論文である。日米の相互作用の結果、この時期、むしろ海兵隊は沖縄で兵力・基地ともに増強された。

1990年代、冷戦終結やソ連崩壊といった新たな国際情勢の中で、米軍は大幅に再編され、海兵隊も新たな役割を模索する必要に迫られる。この過程を、長年にわたって沖縄基地問題を追いかけてきたベテラン・ジャーナリストがその取材と調査に基づいて分析したのが、第４章の屋良朝博論文である。冷戦後、海兵隊が新たな役割としたのが、災害救助、人道支援といった活動だった。在沖海兵隊も再編され、災害救助、人道支援を行う第31海兵遠征部隊（31MEU）が配備される。ところが同じ時期、沖縄では少女暴行事件が起こり、基地に対する反発が強まる。この火消しのために合意されたのが普天間基地の返還である。結局、普天間基地の名護市辺野古に移設先が決まっていくが、移設先について、当初、米国政府は沖縄県内にこだわらなかったし、日本側でも県外案が検討されたことを屋良論文は明らかにしている。

2000年代、9・11同時多発テロと対テロ戦争をきっかけとして、米国政府は世界規模での米軍再編に取り組み始めた。普天間基地返還を含めた沖縄米軍基地の整理縮小もこのような世界規模での米軍再編の中に位置づけられたが、このプロセスには、議会やグアムといった米国の国内政治も影響していた。この連関を明らかにしたのが、第５章の齊藤孝祐論文である。齊藤論文は、米国の連邦財政や海兵隊を受け入れるグアムの自治体に注目しつつ、普天間基地の辺野古移設とグアムへの海兵隊移転のリンケージとそれが切り離される過程を分析している。

5　本書の議論によって明らかになったこと

ここまで、各章の概要を時系列に見てきたが、以下では、各章の議論から明らかになったことについて、米軍再編計画の性格を左右する要素と、日米同盟の維持のために両国政府が抱える課題とを取り上げ、整理・明確化する。

（1）米軍再編計画に影響を与える要素

本書が着目した各々の時代局面においては、相互に関連する4つの要素が、在沖海兵隊の配備のあり方とその前提となる米軍再編計画に対し、それぞれ強弱を伴いながら影響を与えていたといえる。

第一に、大きな戦争の終結である。第1章の山本論文によれば、朝鮮戦争休戦協定の成立に際し、米国政府が中国側の休戦協定違反を恐れたことが、現在までに至る第3海兵師団の日本駐留の端緒であった。また、第2章の川名論文は、ベトナムからの米軍撤退の流れの中で、米軍部が、アジア太平洋に残る戦略拠点として在沖米軍基地を一層重視するようになったと指摘する。ただし、第3章の野添論文は、ベトナム和平協定の成立と前後して、沖縄現地で反基地運動が高揚したことで、米国政府が、海兵隊撤退も視野に入れた在沖米軍削減を検討した事実を取り上げている。このように、川名論文・野添論文は、戦争終結から米軍再編への展開が一律的なパターンに縛られず、軍部の既得権益や基地接受国の政治的問題が交錯した複雑な政治過程をたどることを明らかにした。そして、第4章の屋良論文では、冷戦終結によって、海兵隊は新たな軍事的貢献のあり方を模索する中で、在沖米軍基地の整理・縮小を日本政府に先んじて検討していた事実を解明している。

第二に、新たな脅威への対応である。第1章の山本論文は、1950年代を通じて、アジア冷戦の舞台が朝鮮半島からインドシナと台湾海峡へ移っていく過程で、国防総省が、第3海兵師団・第1海兵航空団に即応部隊としての役割を見出し、沖縄を拠点とした作戦活動を命じたことを明らかにした。また、第3章の野添論文は、1970年代末における中東情勢の緊迫化とソ連のアフガニスタン侵攻を受けて、海兵隊の即応部隊としての役割が、米国政府内で再び注目されたことを解明している。ベトナム戦争終結後、在沖海兵隊の位置づけは曖昧になりつつあり、前述の通り沖縄撤退案も検討されていた。しかし、新冷戦が始まろうとする中、海兵隊は、グローバルな危機に対応する部隊として重視されるようになり、在沖海兵隊の整理縮小の可能性は限りなく低下したのである。そして、第5章の齊藤論文は、2000年代に入り東アジアにおける中国・北朝鮮の脅威増大に対応して、国防総省内で沖縄を足場としながらグアムに戦略的機能を集約する必要性が認識され、在沖海兵隊のグアムへの一部移転を普天間飛行場代替施設の建設と切り離す判断に至ったと論じる。従来、在沖海兵隊のグアム移転は、沖縄の負担軽減という観点から語られてきたが、東アジアの脅威増大に応じた兵力再配置という側面にも目を配らなければ、在沖海兵隊のグアム移転に課された条件を、後に米国が自ら解除することになった意味を理解できないのである。

第三に、基地という「既得権益」をめぐる米軍部の動向である。一方で、第1章の山本論文は、1950年代の米軍再編の主眼が陸上兵力削減にある状況下で、陸軍と海兵隊のどちらが沖縄に移転して極東に残るかをめぐる米軍部内の攻防が、第3海兵師団の沖縄移転を計画よりも遅らせたことを指摘している。他方で、第2章の川名論文は、いわゆる背広組である国防総省が1968年に作成した、ポスト・ベトナムをにらんだ在沖米軍基地の削減計画に対し、制服組である統合参謀本部および各軍がどのような反論・修正を展開したのか、詳細な過程を明らかにした。川名によれば、このような米軍部の行動からは、同時期に日米政府が進めていた沖縄返還交渉が決着する前に、望ましい在沖米軍基地・兵力数を確保しておきたいという彼らの動機が推察できるという。

第四に、米議会の影響力である。第5章の齊藤論文は、リーマン・ショック後の議会が、財政的制約の下、在沖海兵隊のグアムへの一部移転計画の実効性を問題視し、国防総省に対して細部の具体化や妥当性の再検討を要求したことが、在沖海兵隊の再配備計画に与えた影響を指摘している。議会がとりわけ問題としたのは、沖縄において普天間飛行場代替施設の建設の見込みが立たない状況において、代替施設建設を在沖海兵隊の一部移転の条件とし続けることであった。また、この過程で、議会において海兵隊の移転に伴うグアムのインフラ整備問題が軍民双方の観点から重視されるようになっていったことも重要である。こうした中で高まった議会の圧力は、代替施設建設の進捗にかかわらず在沖海兵隊のグアム移転を実行するという、国防総省の決断を後押しする要因となったのである。

(2) 日米同盟

米軍再編の実施は、日米同盟の時代ごとの政治課題とも無関係ではありえなかった。日米同盟を安全保障政策の基軸としてきた日本政府にとって、米軍再編は自国の安全保障に直結する問題であった。日米安全保障条約は、駐軍協定としての性質を色濃く持ち、少なくない数の米軍が戦後の日本本土と沖縄に駐留してきた。よって、米軍基地・米兵の存在が引き起こすさまざまな問題を解決する上で、在日・在沖米軍基地の整理縮小や兵力削減は米軍再編における不可避の課題であり続けた。

第1章の山本論文は、1950年代には日本本土と沖縄の双方で大規模な反基地運動が展開されたことが、第3海兵師団の日本本土から沖縄への移転過程を複雑なものにしたと論じる。山本によれば、国防総省は、戦略的判断から海兵隊の沖縄移転を計画したが、沖縄の島ぐるみ闘争に直面して移転先のグアムへの変更を検討した。だが、それまでも自衛隊の基地確保を口実に日本本土の米軍基地の返還を求めてきた日本政府が、ジラード事件を機に第3海兵師団を含む米軍地上兵力の本土撤退を要請するに至って、同師団の移転先を再検討する時間的余裕が失われたのだという。

第2章の川名論文も、日本本土の反基地運動がベトナム反戦運動、反米・反安保闘争と共に日米関係を揺るがせた1960年代末には、在日米軍基地の整理縮小は急務となり、国防総省が在沖米軍基地も含めた大規模な米軍再編計画に着手したと指摘する。

このように山本・川名論文は、1950〜60年代を通じて、米軍基地の存在が日米同盟の緊張要因であったことを、あらためて確認したといえる。

これに対して第3章の野添論文は、首都圏の米軍基地の整理統合が実現した1970年代以降は、基地問題に代わり、米国が日本に提供する安全保障上の保証の問題が、日米間の新たな懸案となったことを指摘している。沖縄と岩国を除いて日本の米軍実戦部隊がほとんど撤退したことで、有事の米軍来援の保証が不確実になったという不安を抱いた日本政府は、沖縄に残る「唯一の地上部隊」である第3海兵師団を、自国の安全保障上の「人質」として重視するようになった。こうした日本政府の認識は、沖縄返還後、日本本土の米軍基地の整理縮小の実現とは対照的に、在沖米軍基地機能がむしろ強化されることにつながったという。こうした日本本土と沖縄の米軍基地をめぐる非対称的な動向は、1980年代に入り、政府の安全保障政策を支持する西銘県政から日本政府・アメリカに対して、度重なる在沖米軍基地削減の要請がなされる要因となる。

そして、第4章の屋良論文は、1989年に冷戦が終結した後、大田昌秀知事のもとで沖縄県が、「平和の配当」として在沖米軍基地撤退を日米両政府に求めた過程の事実を再構成した。1995年に少女暴行事件が起こると、1950～60年代の米軍基地をめぐる日米関係の構図が、沖縄という島に凝縮された形で展開される。だが、1950～60年代と1990年代とで大きく異なっていたのは、日本政府の問題解決の姿勢であった。日本敗戦による米軍占領の記憶が残っていた時代には、在日米軍基地の削減は、周辺住民だけではなく政治指導者たちにとっても重要な政治課題であった。だが、冷戦後には、日本の政策決定者たちは事件が起こるまで沖縄の米軍基地の実態を把握しておらず、事件が起きても在沖米軍基地の実質的な現状維持を図ろうとしたのである。

こうした日本政府の方針は、沖縄側の希望に反して、県内移転を前提とした普天間基地返還という形で顕在化し、以後のこの問題の紆余曲折につながる。第5章の齊藤論文は、普天間基地の辺野古への移設をめぐる膠着状況を打開するために、日米両政府が在沖海兵隊の移転案を梃子に軍事的・政治的な打開を目指していこうとする経緯を検討した。

その後、前述のように、辺野古移設を推進しようとする日本政府とこれを阻止しようとする沖縄県の対立は、法廷闘争という新たな段階に入っている。もちろん、今後、普天間基地返還問題が、日米同盟にどのような影響を及ぼすのかを論じることは、本書の目的ではない。だが、普天間基地返還問題は、日米同盟にとって大きな難問であり続けることは間違いない。その際、基地をどこに置くかという問題だけでなく、その基地を使用する海兵隊とはどのような軍隊で、日本の安全保障にどのように寄与するのかについて、その実態を踏まえて理解することが不可欠である。本書がその理解の一助になれば幸いである。

【注】

1　Department of Navy, Headquarters United States Marine Corps, *Expeditionary Force 21*, 2014, p. 11.

2　沖縄県知事公室基地対策課『沖縄の米軍基地及び自衛隊基地（統計資料集）』平成27年3月、1-10頁。

3　西村熊雄『サンフランシスコ講和条約・日米安保条約』中央公論新社、1999年；坂元一哉『日米同盟の絆』有斐閣、2000年。

4　普天間基地移設問題をめぐる動向については、琉球新報「日米廻り舞台」取材班『普天間移設――日米の深層』青灯社、2014年；琉球新報社『呪縛の行方――普天間移設と民主主義』琉球新報社、2012年；毎日新聞政治部『琉球の星条旗――「普天間」は終わらない』講談社、2010年；森本敏『普天間の謎――基地返還問題迷走15年の総て』海竜社、2010年；守屋武昌『「普天間」交渉秘録』新潮社、2010年、船橋洋一『同盟漂流』上下、岩波書店、2006年（初版は1996年）など。

5　1990年代の在沖海兵隊をめぐる安全保障論議については、高橋杉雄「沖縄海兵隊撤退論をめぐって――抑止論による検討」『新防衛論集』第25巻第3号、1997年。

6　防衛省・自衛隊『日本の防衛』平成26年、226-227頁。国会での日本政府による在沖海兵隊の抑止力についての説明の変遷については、波照間陽「日本政府による海兵隊抑止力議論の展開と沖縄」『琉球・沖縄研究』第4号、2013年。

7　山口昇「日本にとって米海兵隊の意義とは何か？」谷内正太郎編『論文集　日本の安全保障と防衛政策』ウェッジ、2013年、225頁。

8　森本『普天間の謎』、86頁。

9　山口「日本にとって米海兵隊の意義とは何か？」、223頁。

10　川上高司『「無極化」時代の日米同盟――アメリカの対中宥和政策は日本の「危機の20年」の始まりか』ミネルヴァ書房、2015年、169-175頁。

11　山口「日本にとって米海兵隊の意義とは何か？」、222-223頁。

12　屋良朝博『誤解だらけの沖縄・米軍基地』旬報社、2012年、23-25頁。

13　柳沢協二「普天間基地問題にどう向き合うか」新外交イニシアティブ編『虚像の抑止力――沖縄・東京・ワシントン発安全保障政策の新機軸』旬報社、2014年、29頁。国防次官補をつとめたこともあるジョセフ・ナイハーバード大学教授も、「中国の弾道ミサイルの向上に伴って、その脆弱性を認識する必要が出てきました」と述べている。『朝日新聞』2014年12月8日朝刊。

14　植村秀樹『「戦後」と安保の60年』日本経済評論社、2013年、235頁。

15　屋良『誤解だらけの沖縄・米軍基地』、23-25頁。

16　「大臣会見概要　平成24年12月25日」防衛省ウェブサイト。

17　山口「日本にとって米海兵隊の意義とは何か？」、214頁。

18　屋良『誤解だらけの沖縄・米軍基地』、74-75頁。

19　マイク・モチヅキ「抑止力と在沖海兵隊――その批判的検証」新外交イニシアティブ編前掲書、116頁。

20　モチヅキ「抑止力と海兵隊」、124頁；柳沢「普天間基地問題にどう向き合うか」、27頁。

21　モチヅキ「抑止力と海兵隊」、115-116頁。

22　以下、米海兵隊の歴史の概要については、特に注がない限り、Edwin H. Simmons, *The United States Marines: A History, 4th Edition*, Naval Institute Press, 2003；野中郁次郎『アメリカ海兵隊――非営利組織の自己革新』中公新書、1995年；屋良朝博『砂上の同盟――米軍再編が明かすウソ』沖縄タイムス社、2009年、第4章を参照。

23　カーター・A・マルケイジャン（塚本勝也訳）「水陸両用作戦の歴史的変化」立川京一、石津朋之、道下徳成、塚本勝也編著『シー・パワー――その理論と実践』芙蓉書房出版、2008年、132-133頁。

24　川名晋史『基地の政治学――戦後米国の海外基地拡大政策の起源』白桃書房、2012年；林博史『米軍基地の歴史――世界ネットワークの形成と展開』吉川弘文館、2012年52-76頁。

25　日米安保条約締結をめぐる近年の研究として、楠綾子『吉田茂と安全保障政策の形成――1943-1952年』ミネルヴァ書房、2009年；坂元前掲書；豊下楢彦『安保条約の成立――吉田外交と天皇外交』岩波書店、1996年。

26　平良好利『戦後沖縄と米軍基地――「受容」と「拒絶」のはざまで1945-1972年』法政大学出版局、2012年、第1-2章；ロバート・D・エルドリッヂ『沖縄問題の起源戦後日米関係における沖縄1945-1952』名古屋大学出版会、2005年；宮里政玄『日米関係と沖縄』岩波書店、2000年、第1-2章。

27　Reference Section, Historical Branch, History and Museums Division Headquarters, US Marine Corps, *The 3D Marine Division and its Regiments*, 1983, p. 5; Simmons, *The United States Marines*, pp. 246-247.

第1章

1950年代における海兵隊の沖縄移転

山本章子

はじめに

本章の目的は、1950年代に日本本土に駐留していた第三海兵師団が、なぜ沖縄に移転したのかを、極東地域における米軍再編の実施過程のみならず、アジア冷戦の新展開や日米関係とも関連づけながら解明することである。

先行研究は、海兵隊が日本本土から沖縄に移転した理由について、極東地域の米軍再編の一環とする説[1]、アジア冷戦情勢の影響を指摘する説[2]、反基地運動によって日本本土駐留が困難になったと推測する説[3]、に説明が分かれている。第一・第二の説は、その戦略的重要性や地理的利便性から沖縄が海兵隊の移転先に選ばれたと主張する。一方、第三の説は、海兵隊の沖縄移転が日米同盟を維持したい日米両政府の政治誘導だったという。

しかし、これらの研究は、海兵隊の沖縄移転の決定要因を一つに求めている点で問題がある。海兵隊の沖縄移転が実施されたアイゼンハワー（Dwight D. Eisenhower）政権期には、一方では、朝鮮戦争で肥大した軍事予算を削減すべく米軍の整理統合が進められたが、他方では、米国から見て、アジア冷戦の主戦場が朝鮮半島から台湾海峡、インドシナへと移る中で、新たな軍事態勢が求められていた。さらに、50年代を通じて、日本本土・沖縄では米軍基地に対する反基地闘争が高揚していた。こうした複数の政策課題への同時対応を迫られていた同政権において、海兵隊の沖縄移転は、政策間調整の産物であったと考えるべきであろう。

そこで本章では、次の2点で先行研究とは異なる議論を展開する。一つには、第一次台湾海峡危機を契機に国防省から海兵隊の沖縄移転が提案されたものの、その実施開始は同危機の収束後となり、移転の目的も変化した事実を指摘する。もう一つには、沖縄の反基地闘争を受け、グアムへの移転先変更が検討されたが、米兵犯罪による日本世論の反米化を恐れたアイゼンハワー大統領が、日本政府の要請を受けて在日米陸上戦闘兵力の撤退を決定する中で、沖縄集結が確定したという仮説を提示する。その上で、本章では最後に、50年代の日本本土から沖縄への米軍戦闘兵力の移動が、在日・在沖米軍基地の戦略的役割の変化につながったことを指摘する。

1　戦後初期の在沖米軍基地と海兵隊

最初に、本稿の趣旨からは外れるが、本稿の舞台・主役である沖縄と第三海兵師団をめぐる戦後の動きを簡潔に説明したい。太平洋戦争末期に戦場となった沖縄では、米軍が占領後、ただちに日本本土への侵攻を目的として基地建設を開始した。太平洋戦争終結後も、沖縄は、1945年10月に統合参謀本部（以下JCS）が承認した戦後基地計画で、「最重要基地」と位置づけられ、米国が冷戦に備えて新たな軍事戦略を策定する中で重視された。1949年5月、米国政府は沖縄を長期的に保持し、在沖米軍基地を拡充することを決定する。その結果、日本の独立が認められた1951年のサンフランシスコ講和条約では、沖縄は小笠原とともに、第3条において日本の「潜在主権」が認められながらも、引き続き米国の排他的統治下に置かれ、米国の軍事拠点として強化されていくことになる[4]。

一方、沖縄戦をはじめ太平洋戦争で活躍した海兵隊は、日本軍降伏後、マリアナ諸島、琉球諸島、日本本土、中国北部において現地占領や日本軍の武装解除に従事したが、いったんは任務完了に伴い順次本国に引き揚げた。しかし、1950年6月に朝鮮戦争が勃発すると、マッカーサー（Douglas MacArthur）国連軍総司令官の要請で、JCSは第一海兵師団および第一海兵航空団の韓国派遣を指示する。海兵隊は水陸両用作戦を担い、仁川への強襲上陸の三日後にソウルを奪還、敵の補給路を断って戦況を好転させた[5]。ただし、朝鮮戦争で活躍した第一海兵師団は、休戦成立後に本国へと帰還した。本章で取り上げる、この後沖縄へ移駐することになった海兵隊は、朝鮮戦争休戦直前に日本本土にやってきた第三海兵師団である。

日本本土への海兵隊配備は、1953年7月23日の国家安全保障会議（以下NSC）にて決定された。これは、休戦協定が「危険ないたずらになるかもしれ」ず、「休戦後でさえ、中共が容易に紛争を引き起こすか、我々に激しい攻撃をしかける」可能性を危惧した、アイゼンハワー大統領とダレス（John F. Dulles）国務長官が、駆け込みで増援部隊派遣を要請したことによる。大統領は、休戦協定違反を犯さぬよう、必要な場合に韓国への即時出撃が可能な日本本土への海兵隊配備が最善との判断を下した。第三海兵師団は、休戦協定成立直後の8月から10月にかけて、日本本土の富士マクネイア（第三連隊）、奈良（第四連隊）、岐阜（第九連隊）の各キャンプに配備された。また、大統領は、中国が休戦協定を破った場合に備え、合わせて核戦力を沖縄に配備するよう求めて、キーズ（Roger M. Kyes）国防副長官の同意を得た[6]。

2　極東米軍再編計画

（1）極東米軍再編の背景

1953年1月のアイゼンハワー政権発足時には、朝鮮戦争への対応で極東のみならず欧州にも多数の米軍が派遣されていた結果、米軍兵力は約351万3000人にまで達しており、しかもその約半数を陸上兵力が占めていた。軍事予算でいうと、1950会計年度の130億ドル（対GNP5.2%）から、1953会計年度の504億ドル（対GNP13.5%）へと急速に膨れ上がった国防費は、連邦予算の70%近くを占めるに至っていた。こうした軍事的負担によって、米国の財政赤字は深刻な状況にあった。しかも、スターリン（Yosif Stalin）の死後、ソ連の指導者たちが、米国との「平和共存」を掲げる、いわゆる「平和攻勢」をかけてきたため、今後の冷戦の「長期戦」化が予想された。そこで、大統領とダレスは、約1年かけて、人件費のかさむ陸上兵力の削減を最大限まで推し進める代わりに、核戦力に極度に依存した安全保障戦略、いわゆる「ニュールック」を策定する[7]。そして、彼らは、1953年7月27日に成立した朝鮮戦争休戦協定が維持される見通しが立った段階で、陸上兵力削減を主眼とする米軍再編を断行したのである。

陸上兵力削減の焦点となったのが、朝鮮戦争の舞台となった極東地域における米軍の再編であった。朝鮮戦争によって、米国の全地上兵力のほぼ半分近くが極東戦線にくぎづけになっていた。具体的には、休戦の時点で、米国の保有する陸軍20個師団のうち、韓国に7個師団、北海道にも第一機甲師団が配備されていた。また、同じく3海兵師団のうち、韓国に第一海兵師団が、日本本土に第三海兵師団が駐屯していた[8]。こうした状況で、極東に陸上兵力をどこにどれだけ残留させるかをめぐって、米国政府内で議論が展開される。

（2）初期の極東米軍再編計画

1953年12月3日のNSCにて、大統領は、ラドフォード（Arthur W. Radford）JCS議長の抵抗を押しきり、韓国に駐留していた陸軍7個師団のうち、2個師団の1954年3月1日撤退開始を決定した。同会議では、休戦状態が長期化した場合、在韓米陸軍を2個師団にまで削減し、さらに状況に応じて極東から陸軍を追加撤退させることも決定される。これを受け、JCSは1954年4月1日、極東米軍再編計画をウィルソン（Charles Wilson）国防長官に提出した。同計画は、極東に現存する陸海空軍の一部撤退・配置転換に加え、1955年7月から9月の間に海兵隊1個師団を本国に引き揚げる内容となっていた[9]。

この時点では、JCSは、極東に残存する海兵隊1個師団の配備先を決定していなかった。JCSは、最終的に陸軍1個師団および海兵隊1個師団を韓国に残存させる意向であったが[10]、海軍作戦本部長および海兵隊司令官が、海兵隊の軍事上の柔軟性をいかすため、日本本土への海兵隊1個師団の配備を求めていたからである[11]。

一方、極東米軍再編計画の検討段階で、極東軍司令部は陸軍1個師団を沖縄に移転させる案をJCSに提出していた。陸軍出身のハル（John E. Hull）極東軍司令官は、1954年3月15日、陸軍の沖縄移転のメリットとして、沖縄から日本・韓国へは即時出撃できること、そのため日本防衛の兵力を削減でき、日本への防衛力増強の圧力にもなること、陸軍は移転費用が安いことを挙げた。同時に、「日本の米軍基地は、日本側に返還するよう常に政治的圧力をかけられており、日本で新たなもしくはより良い訓練施設を得ることができるかどうか疑問だ」と指摘した。同時期、陸上自衛隊の駐屯地を確保したい日本側の要求で、米陸軍第一機甲師団は北海道から八戸、仙台、東京、大津の各地に移転しようとしていた。ただし、ハル自身が認めていたように、陸軍の沖縄配備には作戦遂行上の大きな難点があった。有事に沖縄から日本・韓国に出撃する際、陸軍は海上移動用の手段を持っていないため、海軍艦船で運搬してもらう必要があったのである[12]。

極東軍案は、陸軍削減への抵抗という意味合いが強かったこともあり、JCSは、これを採用せず、韓国から陸軍第二四歩兵師団を日本へ、1個師団をハワイへ、その他2個師団を米国本国へ移転させる計画を採った[13]。だが、ハルは、その後も折に触れて持論を展開していくことになる。

実は、海軍についても、初期の再編計画では大幅削減が予定されていた。ニュールック戦略において、即応性に欠けた機雷戦・対潜水艦戦能力しか有さない海軍は、時代遅れだとみなされたためである。1954年7月1日までに、西太平洋一帯から戦艦1隻、空母2隻、駆逐艦20隻、2個哨戒艦隊を引き揚げ、共産主義勢力の局地侵略には戦略空軍による核攻撃で対応することが想定されていた[14]。ただし、次節で述べるように、海軍再編計画はまもなく修正されることになる。

他方、核攻撃戦力の役割を担う空軍は、再編計画当初から拡充の対象であった。当時、極東地域では日本本土、沖縄、フィリピンに米空軍基地が置かれていたが、フィリピンのスービック空軍基地は、現地の政治経済上の脆弱性から運用上の問題があると考えられ、日本本土・沖縄への基地重点化が図られた[15]。アイゼンハワー政権は、極東への核配備の準備として、ソ連に対する核攻撃を行う大型の戦略爆撃機が離発着を行えるよう、日本の米空軍基地の滑走路延長を計画する。そして、1954年3月の日米合同委員会にて、日本政府に対し、立川・横田・木更津・新潟・伊丹の5つの飛行場の拡張を要求した（ただし、伊丹は後に小牧へと変更された）[16]。

3　インドシナ独立と第一次台湾海峡危機

（1）インドシナ独立

1954年に入り、インドシナ地域の独立を阻止しようと軍を派遣したフランスの劣勢が濃厚になると、ウィルソン国防長官は、4月6日のNSCにおいて、すべての極東米軍再編計画を同年6月1日まで保留すると通告し、翌日JCSにもその旨を伝えた。だが、5月7日には、仏軍が守るベトナムのディエンビエンフーが陥落し、米国の反対にもかかわらず、フランスとベトナム民主共和国（北ベトナム）との間で和平交渉が開始される。そこで、JCSは6月1日の時点で、ウィルソンにさらなる計画延期を助言した[17]。

インドシナ情勢の悪化を知ったハルは、JCSに対し、「極東米軍の本国引き揚げは、共産主義勢力に対して弱さを見せることになる」という、陸軍削減に反対する際の定型句を一層強調する電報を送った。彼は、韓国の第二四歩兵師団を沖縄へ、第二五歩兵師団をハワイに再配備すべきであり、もし、それらの部隊を本国に引き揚げれば、共産主義勢力から、米国はインドシナに介入する意思がないと見られると主張した[18]。

7月21日、ジュネーヴで開催された会談にて、インドシナ三国の独立を認め、また、ベトナムを暫定的に南北に分断した上で選挙で統一政権を決定することを、関係諸国間で取り決めた協定が成立する。ただし、米国と南ベトナム政府はこのジュネーヴ協定の調印を拒否した。この後、ベトナム北部から南部へと約30万人の住民が避難したが、彼らの移動を手助けする任務を担ったのが、第三海兵師団および第一海兵航空団であった[19]。

インドシナ情勢の変化は、海軍再編に大きな影響を及ぼす。今後予想されるベトナム南部での共産主義勢力の活動への対応として、戦略空軍の投入という手段がそぐわないことは明白であった。そのため、極東海軍は大幅削減を免れ、戦闘兵力数や、航空母艦・戦艦・巡洋艦・駆逐艦・潜水艦の保有数を、ほぼ維持することになったのである（ただし、非戦闘員数や左記以外の艦船の保有数は大幅に削減された）[20]。

また、インドシナの共産化を危惧したアイゼンハワー政権は9月8日、東南アジア地域の反共防衛機構として、東南アジア条約機構（以下SEATO）を発足させる。しかし、SEATOは、できる限り直接的関与を回避したい米国の思惑に反して、加盟国の軍事的貢献が期待できない、米国の軍事力に依存した多国間同盟となった。そこで、JCSは、東南アジアにまで米陸上兵力を割けないとして、同地域への中国軍の侵略に「機動打撃兵力」でもって対応する戦略を採用する。JCSは、具体的には限定核攻撃を想定していたが、ウィルソンが、核の使用は政治的に困難だと反対した[21]。こうした議論が、第4節で論じるように、海軍と共に海兵隊を「機動打撃兵力」の一部として再定義することにつながる。

（2）第一次台湾海峡危機

インドシナ情勢と合わせて極東米軍再編計画の見直しの要因となったのが、第一次台湾海峡危機の勃発であった。ジュネーヴ会談開催中の5月15日から20日の間、中国軍が台湾海峡の東磯列島を陥落させる事件が起きたのである。米国政府内では、軍部を中心に中国軍への反撃を主張する意見が強かったが、大統領は慎重な姿勢をとり、6月1日、中国軍が次に攻撃目標とすることが予想される大陳列島を、海軍第七艦隊に「友好訪問」させるに留めた[22]。

だが、9月3日・4日、中国軍は金門諸島への大規模な砲撃を行った。これに対する米国政府内の反応は二つに割れた。9月9日・12日のNSCにて、リッジウェイ（Matthew Ridgway）陸軍参謀総長の意見として、金門諸島に台湾防衛上の戦略的価値はないとの見解が紹介され、ウィルソンも、中国沿岸島嶼を中国の一部として認めるべきだと述べた。一方、ラドフォードを筆頭にJCSの大多数は、米国による沿岸島嶼の全面防衛と中国への核攻撃を主張した。他方で、大統領は、中国沿岸の島嶼の喪失が、台湾の国民党政府（以下、国府）に与える心理的打撃を懸念しつつも、沿岸島嶼のために第三次世界大戦を起こしたり、米軍に再び朝鮮戦争のような経験をさせたりすることは考えられないと主張する[23]。

そこで、ダレスは10月14日のNSCにて、米華相互防衛条約の締結と同時並行での国連を通じた停戦交渉によって、台湾海峡の現状維持を目指す方針を提案し、大統領の同意を得る。中国軍が、11月に入って空軍機による大陳列島爆撃を開始すると、米国政府は、沿海島嶼を条約の適用範囲としないことを条件に、国府が求める米華相互防衛条約の締結に応じた[24]。このように、アイゼンハワー政権は、国府の島嶼防衛への関与そのものには消極的だった。

その一方で、米国政府は台湾海峡情勢への対応として、1954年末までに沖縄への最初の核配備を決定し、まもなく実施した[25]。中国大陸沿岸部までわずか400マイルの距離にあり、台湾海峡まで爆撃機で一時間以内で到達できる沖縄は、「米中戦争勃発後2時間で北京を灰燼に帰す」という核の脅しを、中国に与えるための拠点とされたのである[26]。とはいえ、実際には、大統領自身は、アジア有事での核使用は困難だと認識していた。大統領の狙いは、核カードの効果的な利用によって、米国政府の中国への対決姿勢を国内世論に強調すると同時に、中国軍との直接衝突を回避しながらその膨張を阻止することにあったとされる[27]。

4　陸上兵力削減計画の修正

(1) 海兵隊沖縄移転案の浮上

アジア冷戦の新展開をふまえ、JCSは、ジュネーヴ協定成立翌日の７月22日、ウィルソンに陸上兵力削減計画の再検討を助言した[28]。そこで、ウィルソンは７月26日、計画の年内完了と一部変更をJCSに提案する。先行研究は、計画変更がウィルソンの独断だとするが[29]、実際には、安全保障の専門家ではないウィルソンは、国防長官府の軍事補佐官や国際安全保障局に立案させ、国防次官補が支持した構想を承認する形をとっていた[30]。

計画の変更点とは、韓国および日本に駐留する海兵隊２個師団の極東残留であった。具体的には、韓国の第一海兵師団はひきつづき現地に留まり、日本の第三海兵師団については、そのうち連隊付戦闘部隊はハワイへ（1955年２月に第四連隊が移転[31]）、「残りは沖縄へ移転」させるという提案がなされた[32]。

このとき、中国軍の台湾海峡での軍事行動に対し、国防長官府は、台湾を含めた太平洋沿岸の「島嶼地帯」の防衛力を高め、アジアの同盟国および共産主義勢力に米国の強い軍事的姿勢を印象づける必要性を認識していた。そこで、同府は、日本本土に駐留する陸軍もしくは海兵隊１個師団の沖縄移転を検討するに至る。沖縄への１個師団再配備の利点は、米軍の配置に柔軟性を付与することだとされた。さらに、日本本土からの１個師団移転によって、自衛隊増強に伴う軍隊の過密化という問題も解決できると考えられた[33]。その上で、ウィルソンが、陸軍ではなく海兵隊の沖縄移転を決定したのは、兵力削減の最優先対象である陸軍を、同地域に温存することを避けようとしたからだと推測できる。ウィルソンは、７月28日のNSC承認を得て８月12日、日本本土の第三海兵師団の沖縄移転を決定した[34]。

ところが、極東軍司令部が、占領行政に従事する陸軍約1万2000人の駐留する沖縄には、海兵隊基地を建設する場所がない旨指摘したため、同決定はいったん保留される[35]。JCSは、極東軍（＝陸軍）司令官、極東海軍司令官、極東空軍司令官および海兵隊司令官による沖縄現地調査の結果をもって、最終的な決定を下すことにし、ウィルソンにその旨報告した[36]。

10月8日には極東軍司令官が、同月18日には海兵隊司令官が、真っ向から対立する内容の調査報告書をそれぞれ提出した。海兵隊よりも陸軍の方が沖縄移転のコストが低いと主張する極東軍に対し、海兵隊は、コストの問題は解決できること、極東米軍再編の目的から考えて海兵隊の沖縄配備が適切であることを主張する。海兵隊司令官いわく、極東米軍再編の目的とは、日本と韓国から米陸上兵力を撤退させ、同盟国の陸上兵力を補完する形で、米空海軍の機動兵力に依存した水陸両用能力を極東・西太平洋地域に有し、空陸即応機動部隊に日本からインドネシアまで連なる「島嶼地帯」を防衛させることである。海兵隊であれば、同盟国またはその他の陸上兵力に空と海からの援護を行うために、効果的な組織力を提供する能力を有している、というのが海兵隊側の見解であった[37]。

だが、これらの報告を受けたJCSは、海兵隊の沖縄移転に異議を唱える結論を出した。JCSの統合戦略計画委員会（以下JSPC）が11月5日、米ソ全面戦争時には、第一海兵師団は開戦後3ヵ月以内に、第三海兵師団は即時欧州へ移転する計画となっており、第三海兵師団の沖縄配備は現実的ではないとして、陸軍1個師団の沖縄配備を勧告したのである[38]。

しかし、ウィルソンは12月9日、軍事における「最大限の技術革新と最小限の人員」を求める大統領の指示に従い、韓国に駐留する第一海兵師団の本国引き揚げと、その穴埋めとしての第二四歩兵師団の韓国残留を命じた。そして、極東陸軍の追加削減計画の早急な作成と、日本本土に駐留する第三海兵師団のうち1個連隊以下規模の部隊を、早急に沖縄に移転させるよう、JCS

に要求する[39]。

ハルは依然として、沖縄での海兵隊基地建設は困難だとして、第三海兵師団の韓国移転を主張した[40]。だが、1955年3月に在韓米軍の一部施設の使用が終了するにあたって、韓国政府との使用延長をめぐる協議が難航していたため[41]、韓国に新たな米軍部隊を受け入れる状況ではなかった。

このため、JCSは、ウィルソンの指示に従い、前述のJSPC案を破棄することとしたが、同時に、極東軍司令部の見解を考慮し、計画変更が最小限で済むとして海兵隊第三師団の本国引き揚げを検討した[42]。そして、ひとまず、各軍および極東軍司令部との協議を経て12月31日に提出した暫定的回答の中で、第一海兵師団と共に韓国から撤退した第一海兵航空団を、日本、ハワイ、本国に分散移転させることを提案して、ウィルソンの了承を得た。第一海兵航空団は1956年7月、山口県の岩国に移転した[43]。JCSは翌1955年1月11日には、極東に駐留する陸軍を2個師団まで削減することを具申し、これも承認された[44]。

(2) 第三海兵師団第九連隊の沖縄移転

1955年に入ると、第一次台湾海峡危機は転機を迎える。国府が2月、危機を収束させるための米国の提案に従って、大陳列島から自軍を撤退させたからである。その際、第三海兵師団・第一海兵航空団が海軍第七艦隊と共に、24時間以内の国府軍・現地住民の引き揚げを支援した[45]。

しかし、中国の次の目標が金門・馬祖諸島であると考えられたことから、台湾防衛に関する米国政府内の議論は継続され、3月10日のNSCでは、中国への核兵器使用の検討も始まる[46]。また、ラドフォードは、米国の台湾防衛の意志を示すためとして、極東陸軍削減中止を発表すると同時に、海兵隊1個師団を台湾本島に派遣し、さらに第一海兵航空団を太平洋上に配備する案を提案した。ウィルソンもこれを支持した[47]。

海兵隊の台湾本島派遣案が浮上した背景として、次の2点が挙げられる。

第一に、極東軍司令部がついに、海兵隊の沖縄移転を受け入れた。ハルは2月7日、海兵隊の沖縄移転の必要性を認める姿勢に転じたのである。その契機となったのは、「日本国内の自衛隊基地が不足している」ため、「第三海兵師団の連隊付上陸団が日本で使用している施設を明け渡して譲渡するよう、日本政府から非常に強い圧力がかかることが予想される」状況であった[48]。極東軍は日本に防衛力増強を要求している立場上、米軍基地の自衛隊移管の要求を断ることは難しかった。ハルの予想は、第4節で後述するように現実のものとなる。

第二に、1954年11月の中間選挙で議会を制した民主党が、ニュールックへの批判的姿勢を示すため、翌年1月17日に提出された軍事予算案に対し、海兵隊予算および空軍のB52建造予算を上乗せした[49]。海兵隊の沖縄移転の問題は、少なくとも予算に関しては解消されたのである。

ただし、ハルは、ウィルソンが先に指示した連隊付上陸団のみの沖縄移転は、運用上の効率性が下がるため、日本本土に駐留する第三海兵師団全部隊の現地宿舎の建設が完了した時点で、同師団を沖縄に移転させるよう勧告する。ハルが問題視したのは、日本本土よりも訓練施設の劣悪な沖縄に連隊付上陸団のみを移すと、第三海兵師団が一つの部隊として訓練を行えない点であった。陸軍参謀総長もこれに同意してJCSに検討を求め、JSPCもハルの見解に賛意を示した[50]。

だが、ウィルソンは4月に再度、第三海兵師団の連隊付上陸団の早急な沖縄移転を要求し、1個連隊用の宿舎を沖縄に建設する費用の支出を承認したため、JCSはこれに従った[51]。

問題は、海兵隊の台湾本島派遣案は、島嶼防衛に米国を関与させたい蔣介石の意に反しており、国府が、米軍が台湾本島・澎湖諸島のみを防衛することを受け入れるかどうかという点にあった。同時期、国府は、米華相互防衛条約における米国側の適用地域が、米国「管轄下」の「西太平洋諸島」となっていることに注目し、同諸島の中で最も重要なのは沖縄であること、国府も沖縄防衛に協力する用意があることを、国民党機関紙「中央日報」で主張していた。国府の狙いは、金門島等の防衛のために、琉球諸島の中で台湾に最も近い宮古・八重山諸島を、国府軍が基地として使用することであったとされる[52]。

ウィルソンが、海兵隊の沖縄移転を急いだのは、こうした国府の主張を警戒したからと考えることも可能である。彼は、蒋介石の姿勢を考慮せずに台湾本島への海兵隊派遣を検討すべきだと主張し、ダレスも台湾本島への米軍派遣に賛成した[53]。

そこで、ダレスは、４月下旬にラドフォードらを訪台させ、国府が金門・馬祖から撤退すれば、台湾・澎湖諸島を拠点に大陸沿岸部を封鎖する共同作戦を実施するという提案を行わせたが、蒋介石が金門・馬祖防衛に固執して交渉は失敗する。これ以降、米国政府は、台湾防衛ではなく、中国との大使級会談による外交的解決の方に活路を求めていくことになり、中国側も同時期のアジア・アフリカ会議を皮切りに、金門・馬祖の軍事攻略をいったん断念して平和攻勢へ転じた[54]。

にもかかわらず、７月に第三海兵師団第九連隊が堺から沖縄のキャンプ・ナプンジャへと司令部を移し[55]、９月には第三海兵師団の沖縄移転のための基地建設計画が承認されたのは[56]、急きょ、東南アジア情勢への対応任務を課せられたためであった。同時期、米国政府はタイにおける共産主義の脅威が高まっていると認識し、第九連隊の拠点を沖縄に移した上で、危機が去るまでタイのウドーンターニーに一時駐留させたのである[57]。

5　在日米軍削減と海兵隊の沖縄集結

(1)　日本本土の反基地感情

第三海兵師団第九連隊の日本本土から沖縄への転出は、在日米軍削減の動きとも連動していた。

同時期、日本本土では反基地運動が高揚していた。日本政府は、米国側の要求に従って、立川・横田・木更津・新潟・小牧の米軍飛行場周辺の土地を新規接収しようとしたが、地元住民・自治体の強い抵抗を受けた。中でも、立川周辺住民が展開した「砂川闘争」は、1955年に入ると、労働者・学生等の支援団体や革新政党の支援に加え、測量を阻止しようとした人々に対する警察の暴力への批判的報道によって、世論の支持も得る。結局、日本政府は、横田以外のすべての場所での新たな軍用地接収に失敗した[58]。

日本国内の政治状況を鑑みて、1955年4月に決定されたアイゼンハワー政権の新対日方針NSC5516/1では、米陸上兵力の日本撤退が明記された。もっとも、その時期や規模などの具体的な内容は、同方針には明記されていなかった[59]。だが、同年8月末に訪米した、鳩山一郎内閣の重光葵外相は、旧安保の相互防衛条約への改変を申し入れる際、将来的な米軍の日本からの全面撤退と基地使用の制限を条約案に盛り込んだ。重光構想は、ダレスの全面的な拒否と反論に遭ったが、在日米軍に対する日本国内の風当たりが強まる一方である事実を表していた[60]。

そこで、1956年7月12日のNSCにて、ウィルソンは、日本に置かれた極東軍司令部の廃止とハワイの太平洋軍司令部への統合、極東軍司令部が兼ねていた国連軍司令部の韓国移転の決定を告げる。同措置の目的は、米軍指揮系統の効率化であったが、彼は、国連軍司令部の韓国移転には、「日本国内にはびこる、日本はまだ米国の占領下にあるという考え」を打ち壊す意図があり、これに失敗すれば在日米軍基地をすべて失うことになると述べた[61]。同決定に伴い、極東軍司令部は、在日陸軍戦闘兵力を1個師団、約1万人へと削減し、兵站支援部隊約3万3000人と合わせて4万3000人を残留させる計画を策定した[62]。しかし、JCSはその後、いつの時点で残りの在日米陸軍を撤退すべきかの研究を始めていなかった[63]。

(2) 島ぐるみ闘争

日本本土での反基地感情の高まりにもかかわらず、第三海兵師団第九連隊の沖縄転出後、予定されていた第三海兵師団第三連隊および第一海兵航空団の沖縄移転は、容易には確定しなかった。海兵隊の沖縄移駐は、大規模な新基地の建設を意味したが、米軍による基地建設地の強制接収と低額な地代の一括支払いに対し、沖縄住民の反対闘争、いわゆる「島ぐるみ闘争」が展開されたからである。

1955年10月の企画調整委員会（以下OCB）報告は、「日本本土から沖縄への地上兵力の再配備は、米軍が使用する追加の土地を要するようになったため、沖縄で深刻な問題となっており、それが日本にも波及している（＝沖縄施政権返還の要求が高まっている）」と指摘している[64]。OCB報告に書かれた、日本本土から沖縄へと再配備される地上兵力こそ、海兵隊のことであった。

そのため、今度は、ウィルソン自らが、第三海兵隊第三連隊および第一海兵航空団の移転先を、沖縄にこだわらずに再検討するようになった。

折しも1957年３月初頭、「海兵隊の即応性に注目して戦闘部隊の機能と兵力を補う」という海軍作戦本部の新方針が、海軍作戦本部長から大統領補佐官達へ、同時にJCSからウィルソンへ伝えられた。具体的な新奇性は、海兵航空団の持つ、海軍と連携して上陸作戦を遂行する能力を今後重視するという点にあった[65]。海兵隊を「機動打撃兵力」の一部に組み込む戦術である。

これをふまえて、ウィルソンは1957年４月、JCSから送付された次の覚書に、「現在、大部分を実行中」との頭書きをつけ、「大統領が読みたいかもしれないから」と、グッドパスター（Andrew Goodpaster）大統領補佐官に回覧した。覚書には、現時点で沖縄には海兵隊の２個陸上戦闘連隊を配備予定だが、沖縄にこれ以上の基地を建設するのは賢明ではないという、ラドフォードの見解が記されていた。その上で、「軍事的観点からは海兵隊の部隊を極東、特に東南アジアの紛争の起こりやすい地域に迅速に再配備できることが望ましい。この点、グアムなら可能性があり、検討すべきだ」との提言が盛り込まれていた[66]。ウィルソンは、即応部隊として再定義された海兵隊が、グアムから東南アジアへと即時出撃できる配備案を新たに支持したのである。

(3) ジラード事件

1957年1月30日、群馬県相馬が原演習場にて、米兵が薬莢拾いをしていた日本人女性を射殺するという、いわゆる「ジラード事件」が起こる。同事件に触発され、1956年9月7日に静岡県東富士演習場で、第三海兵師団第三連隊の兵士が、同様に薬莢拾いの日本人女性を撃った事件についても、国会で野党が取り上げるようになり、日本政府が遅まきながら調査を始めざるを得なくなった[67]。

こうした折、2月15日に着任したマッカーサー（Douglas McArthur, II）米国駐日大使は、同月25日、首相に就任した岸信介に訪米の招待状を手渡した。岸は、6月の訪米を希望すると共に、日米首脳会談で取り上げたい議題に日米間の安全保障・防衛問題の解決を含めること、訪米に備えて駐日大使館との間で複数回の会談を行いたい旨を申し入れる[68]。

そして、5月8日の安川壮・外務省欧米局第二課長とスナイダー（Richard L. Sneider）駐日大使館書記官との間の会談にて、日本側は、「在日米軍陸上兵力の全撤退」、具体的には「陸軍第一機甲師団および第三海兵師団第三連隊」の日本撤退を要請した[69]。当時、日本政府は、ジラード事件に対する世論の激しい批判を無視できず、第一次裁判権を主張する米国側に抗して、日米安全保障条約調印後初めて日本の裁判権を要求した（ただし、実際には日米政府間で、可能な限り刑が軽くなる容疑で起訴するという密約を交わし、執行猶予付き判決後ただちにジラードを帰国させた[70]）。岸内閣は、「手遅れにならないうちに」国内の反基地感情への対策を打つ必要に迫られており[71]、在日米軍陸上兵力の撤退要請もその一環であった。

大統領は、ジラード事件に対する日本国内の反応を知ると、「現地の戦闘兵力の数を削減する迅速で抜本的な策をとらねば、反米感情の醸成は不可避」

だという懸念をダレスに示した[72]。そして、大統領は、6月下旬に予定されていた岸首相の訪米に合わせ、撤退の具体的内容を検討するよう指示する[73]。

そこで、6月6日に、大統領、ダレス、ウィルソンの間で三者会談が行われた。会談の席上で、大統領とダレスは、在日陸上兵力の削減は政治的に可能であり、また実際に望ましいとして、「なぜ、もっと多くの兵力が削減されていないのか、理解できない」とウィルソンを責めた。ダレスは、一週間後の日米首脳会談までに具体的な在日米軍地上兵力の削減計画を決定するよう、大統領と共にウィルソンに迫る[74]。その結果、国防総省は6月18日までに、日本本土に駐留する陸軍戦闘部隊および海兵隊の全撤退と、在日米軍全体の50%削減を決定したのである（実際には40%削減を実施）[75]。

そして、6月22日の日米共同声明で、在日米陸上戦闘兵力の撤退が合意されると、JCSは、第三海兵師団第三連隊の新たな戦略的役割とそれに従った再配備を検討することになる[76]。しかも、大統領は、日米間の合意を確実に履行する意志を岸首相に示すべく、早々に米陸上戦闘兵力の日本本土撤退の発表を行うよう、ウィルソンに求めたため、ウィルソンはいったん7月25～26日の公式発表を決断する[77]。ただし、実際の発表は8月7日に延期された。これは、当時の沖縄にて、米国民政府の圧力で不信任に追い込まれた瀬長亀次郎・那覇市長が、市議会を解散して行った選挙の日程が8月4日となったので、海兵隊移転の発表が選挙に与える影響を恐れた、スナイダー米国駐日大使館書記官の助言による措置であった[78]。

いずれにしても、米軍部は早急な海兵隊移転計画の策定を迫られた。その結果、海兵隊の配備先を再検討する時間的余裕は失われたといえる。したがって、基地建設計画がある程度進行している沖縄に移転する以外、選択肢がなくなったのではないか。

1957年8月8日、海軍作戦本部長は、第三海兵師団第三連隊全部隊を日本本土から沖縄に移転させる指令を下した。同年3月に第三連隊の一部が沖縄のキャンプ瑞慶覧に来ていたが、いまだ日本本土に残留していた「地上部隊」

も沖縄に移転させ、第三連隊をすべて沖縄に集結させることとなったのである。これは、第三連隊をすでに沖縄に配備されている第九連隊とともに、第七艦隊の水陸両用戦隊の指揮下に組み込むための措置とされた[79]。さらに、ウィルソンは8月14日、岩国に駐留する海兵第一航空団の沖縄移転をあらためて承認する。同部隊の再配備の理由は、インドシナ上陸作戦において海兵第一航空団に第七艦隊と連携する役割を負わせることだとされる[80]。

そして、JCSは8月21日、第三海兵師団・第一海兵航空団の沖縄集結の戦略的目的を決定した。すなわち、「南ベトナムへのベトミンの侵略に対する反撃と、ラオスにおいて共産主義勢力を鎮圧しようとしているラオス国軍に対する支援」である。インドシナ情勢に対応し、「西太平洋における全面戦争の際、局地攻撃に反撃し、かつ主導的役割を果たせる戦略的場所から、作戦を即時に実施できるよう、即応部隊を前方展開」させることが、米国の新たなアジア戦略となったのである[81]。

ただし、第一海兵航空団の沖縄移転については、海軍作戦本部が、普天間飛行場ではなく同じく空軍管理下の嘉手納基地もしくは那覇空港を、第一海兵航空団に使わせるよう要求したため、空軍が難色を示し、軍部内で再検討が繰り返されることになる。第一海兵航空団の再配備が難航した背景には、同時期、それまで空軍が保有する厚木・岩国両基地の管轄が海軍に移り、板付・木更津・三沢・横田基地、そして普天間・那覇も海軍が共同利用するようになったのに対し、空軍が反発していたという事情もあった[82]。

空軍は、第一海兵航空団の韓国もしくは普天間への配備を主張したが、海軍作戦本部は、韓国は紛争地域への即時出撃地としても、第三海兵隊との共同訓練の上でも、コスト面でも不適当だと反論し、嘉手納・那覇とフィリピンのクラーク基地への分散配備を提案した[83]。海軍作戦本部は、分散配備先として神奈川県の厚木基地も候補に挙げていたが、最終的には沖縄でも北谷のハンビー飛行場と、山口県の岩国基地への、第一海兵航空団の分散移転が確定する。同部隊が普天間飛行場に移るのは、同飛行場が空軍から海兵隊に移管された1960年である[84]。

6　在日・在沖米軍基地の役割の変化

在日米軍陸上兵力撤退の決定と前後して、極東軍・国連軍司令部は、JCSに対し、日本本土の空軍飛行場を順次返還するための具体的計画を提出した[85]。大型爆撃機の導入に必要な飛行場の滑走路の延長が実現できない以上、これはやむをえない措置であった。また、同計画には、第一次台湾海峡危機後、日本本土駐留の第五空軍が、対ソ核攻撃の任務に加え、朝鮮・台湾有事時の中国空軍の攻撃に備えた、戦術核による対空防衛態勢を課されたことから、日本防空任務を航空自衛隊に移管し、極東有事に専念するという目的もあった[86]。

同計画の添付の行程表には、木更津・新潟・伊丹・小牧飛行場を中心に、日本本土17ヵ所の空軍飛行場を段階的に一部または全面的に返還する期限が明記された。具体的な協議は日米安全保障委員会でなされること、決定は行政協定によって担保されることも盛り込まれた[87]。

このように、極東米軍再編では最終的に、当初の目的であった陸上兵力の削減だけではなく、本来は戦略上、最も重視されるはずの空軍兵力の削減も実施された。そのことは、日本本土と沖縄における米軍兵力の対比に大きな変化をもたらした。

図表1-1に示すのは、極東米軍再編を通じた日本本土・沖縄の米軍各軍の兵力数の推移の一覧表である。

日本本土・沖縄の総兵力数が最も多い1954年には、全体の約88%が日本本土に集中していたのが、1960年には、日本本土・沖縄の総兵力の約44%が沖縄に駐留するようになったのがわかる。

その結果、1960年の時点で、海軍および海兵隊は極東地域に4空母航空団、15航空中隊（海兵航空団含む）、2/3海兵師団を展開させ、艦船約143隻

図表1-1　在日・在沖米軍兵力数の推移

年度	日本本土の米軍兵力数				
	陸軍	海軍	海兵隊	空軍	合計
1953	108,461	14,145	2,926	60,297	185,829
1954	63,831	43,385	25,873	52,616	185,705
1955	53,104	42,358	13,918	52,695	162,075
1956	31,736	45,691	13,845	50,100	141,372
1957	21,563	40,015	12,678	47,363	121,619
1958	9,576	19,091	5,496	34,508	68,671
1959	5,321	7,907	6,367	32,857	52,452
1960	5,528	7,873	5,461	27,433	46,295

年度	沖縄の米軍兵力数					総計
	陸軍	海軍	海兵隊	空軍	合計	
1953	12,223	582	—	10,520	23,325	209,154
1954	11,701	786	—	12,043	24,530	210,235
1955	9,808	903	6,223	10,844	27,778	189,853
1956	5,397	2,835	9,938	8,987	27,157	168,529
1957	5,181	2,533	11,237	10,285	29,236	150,855
1958	5,553	9,218	14,124	10,049	38,944	107,615
1959	4,890	3,308	14,873	9,843	32,914	85,366
1960	8,995	2,932	15,250	9,965	37,142	83,437

出典：Active Duty Military Personnel Strength[88]より筆者作成

（主に攻撃用空母や掃海艇）を保有していたが、その約3割が日本本土、約6割が沖縄を拠点とするようになった。また、米空軍は極東地域に41戦術・戦術支援航空中隊を配備していたが、1960年までにその約5.5割が日本本土、約2割が沖縄を拠点とするに至った[89]。しかも、より長期的に見ると、1957年の時点で沖縄に1万285人駐留していた空軍兵力は、1964年までに1万2118人へと増加した[90]。これは、1958年に第二次台湾海峡危機が勃発すると、第五空軍が、沖縄から台湾海峡に即時出撃できる態勢を整え、第七艦隊と連携して中国軍への攻撃を行う任務を課されるようになったためである[91]。逆に、日本本土では、1963年末に横田・三沢両基地の空軍兵力3000人の本国撤退が決定された[92]。

こうして、50年代を通じた極東米軍再編は、在日・在沖米軍基地の役割を変化させることになった。在沖米軍基地は、インドシナ・台湾有事の際の空海軍の出撃拠点となった。対照的に、朝鮮戦争時に出撃基地であった在日米軍基地は、空海軍の兵站・補給基地へと役割が限定されていた。とりわけ、太平洋軍司令部の置かれたハワイを中心に西太平洋一帯を巡回する第七艦隊にとって、最も重要な燃料補給拠点となった[93]。加えて、日本各地から調達した弾薬の予備など戦闘上重要な補給物資を貯蔵し、韓国陸軍および在韓米軍、台湾陸軍、ベトナム陸軍に対して供給する役割も担った[94]。

50年代に在日米軍基地の位置づけが変化したことは、後に、日本政府によっても認められている。1970年の日米安全保障条約更新に備え、1968年に外務省が作成した「日米安保体制をめぐる論争点」という文書には、以下のように記されている。

> 在日米軍基地は、朝鮮戦争時及び休戦成立後も動乱再発に備えて在日基地は作戦基地　又は作戦予備基地としての重要な機能を果たしていた。〔中略〕57年６月にはワシントンで発表された岸・アイゼンハワー共同声明により、在日米軍の漸次削減が表明されるに至つて、在日基地はその作戦予備基地としての性格を薄め、次第に後方支援基地的性格を明確にして行つた[95]。

50年代の極東米軍再編の過程で、1957年の陸上戦闘兵力撤退の決定を境に、在日米軍基地は、文官や補給部隊が駐留する後方支援基地へとその役割を転じたということである。

逆に、沖縄には1960年に陸軍第一特殊部隊が配備され、さらに1961年から1963年にかけて戦闘兵力が倍増された結果、1965年初頭の時点で陸軍１万4000人、海軍2000人、空軍１万2000人、海兵隊２万人が沖縄117ヵ所の基地に駐留するに至る。同年、米国がベトナム戦争への本格的介入を開始すると、沖縄は出撃基地としてだけではなく、対ゲリラ戦の訓練基地、補給基地、運輸・通信の中継基地としても重要な役割を担うようになり、同島に駐留する米軍兵力や爆撃機・戦闘機の数はさらに膨れ上がった[96]。

おわりに

以上の議論からいえることは、次の３点である。

第一に、第一次台湾海峡危機への対応策であった第三海兵師団の沖縄移転は、その実施までに台湾海峡の軍事的緊張が低下した結果、同師団第九連隊の先行移転の際には、その目的が東南アジアにおける共産主義勢力の浸透阻止へと変化していた。だが、ラドフォードJCS議長が提案したように、東南アジア有事に対応する拠点ならグアムもありえた。先行研究の議論とは異なり、第一次台湾海峡危機の収束とともに、第三海兵師団の移転先を沖縄とする軍事的合理性および地理的利便性は弱まったのである。インドシナ有事のための即応部隊という第三海兵師団・第一海兵航空団の戦略的役割が確定したのが、これらの部隊の沖縄への移動が指示された「後」であったことも、第三海兵師団の沖縄移転が軍事的配慮から決定されたのではないことを裏づけている。

第二に、先行研究は、1957年の日米首脳会談で決定された、第三海兵師団第三連隊の沖縄移転を含む在日米陸上戦闘兵力の撤退が、対日配慮ではなく米軍再編の一環にすぎなかったとする。しかし、実際には、ジラード事件で日本国内の反米感情醸成を恐れたアイゼンハワー大統領が、岸内閣の要請を受け入れた結果であった。ただし、大統領が兵力の迅速な撤退を指示したため、JCS議長とウィルソン国防長官という軍部のトップレベルで、第三海兵師団の移転先のグアムへの変更が支持されたにもかかわらず、結局は軍用地接収の進んでいた沖縄以外の選択肢がとりえなくなったと考えられる。

第三に、50年代末までに、第三海兵師団と彼らを移送する海軍の拠点として、在日米軍基地よりも在沖米軍基地の比重が高まったこと、60年代初頭にかけて、空軍の重要な部隊も日本本土から沖縄へと移駐したことで、沖縄は戦闘兵力が集中する出撃拠点となった。第三海兵師団の沖縄移転は、その後のベトナム戦争に向け、在沖米軍基地が出撃基地として強化されるきっかけとなったのである。

［付記］

本章は、拙稿「極東米軍再編と海兵隊の沖縄移転」『国際安全保障』第43巻第2号（2015年9月）を基に、大幅に加筆・修正したものである。

【注】

1　中野好夫・新崎盛暉『沖縄戦後史』岩波新書、1976年、105-106頁；李鍾元『東アジア冷戦と米韓日関係』東京大学出版会、1996年、66頁；NHK取材班『基地はなぜ沖縄に集中しているのか』NHK出版、2011年、27-34頁；平良好利『戦後沖縄と米軍基地——「受容」と「拒絶」のはざまで1945-1972年』法政大学出版局、2012年、94-102頁。

2　宮里政玄『日米関係と沖縄　1945-1972』岩波書店、2000年、117頁；林博史『米軍基地の歴史——世界ネットワークの形成と展開』吉川弘文館、2012年、117頁。

3　屋良朝博『砂上の同盟——米軍再編が明かすウソ』沖縄タイムス社、2009年、82-98頁。

4　詳しくは次の文献を参照のこと。平良『戦後沖縄と米軍基地』；我部政明『戦後日米関係と安全保障』吉川弘文館、2006年；ロバート・D・エルドリッヂ『沖縄問題の起源』名古屋大学出版会、2004年；宮里『日米関係と沖縄』；河野康子『沖縄返還をめぐる政治と外交——日米関係史の文脈』東京大学出版会、1994年。

5　Edwin Howard Simmons, *The United States Marines: A History*, 4th ed.（Annapolis: Naval Institute Press, 2003), 183-210.

6　156th Meeting of NSC, 23 Jul 1953, 沖縄県公文書館（0000073462); Robert J. Watson, *The Joint Chiefs of Staff and National Policy 1953-1954*（Washington D.C.: Office of Joint History, Joint Chiefs of Staff, 1998), 230.

7　John Lewis Gaddis, *Strategies of Containment: A Critical Appraisal of American National Security Policy during the Cold War*, revised and expanded edition（New York: Oxford University Press, 2005 [1982]), 145-159. 李『東アジア冷戦と米韓日関

係』12頁。

8 156th Meeting of NSC, 23 Jul 1953, 沖縄県公文書館（0000073462）. 李『東アジア冷戦と米韓日関係』58頁。

9 Watson, *The Joint Chiefs of Staff and National Policy 1953-1954*, 231-232.

10 Ibid., 232.

11 Memorandum by the Chief of Naval Operations for the Joint Chief of Staff, 25 March 1954, Sec. 20, Box 16, Geographic File 1954-56, RG218, National Archives II, College Park, Maryland [hereafter NA]; Memorandum by the Commandant of the Marine Corps for the Joint Chiefs of Staff, 25 March 1954, Sec. 20, Box 16, Geographic File 1954-56, RG218, NA.

12 From CINCUNC Tokyo Japan SGD Hull to Department of the Army Washington DC, 15 March 1954, Sec. 19, Box 16, Geographic File 1954-56, RG218, NA.

13 Watson, *The Joint Chiefs of Staff and National Policy 1953-1954*, 232.

14 Watson, *The Joint Chiefs of Staff and National Policy 1953-1954*, 80-85, 232.

15 中野聡『歴史経験としてのアメリカ帝国――米比関係史の群像』岩波書店、2007年、283頁；伊藤裕子「第11章フィリピン　戦後対米認識の変化と国際構造の変動」菅英輝編『東アジアの歴史摩擦と和解可能性――冷戦後の国際秩序と歴史認識をめぐる諸問題』凱風社、2011年、326頁。

16 林博史『米軍基地の歴史』93頁。

17 Watson, *The Joint Chiefs of Staff and National Policy 1953-1954*, 233.

18 From Hull to JCS, 1 July, 1954, Box 3, Records of the Bureau of the Far Eastern Affairs Relating to Southeast Asia and the Geneva Conference, 1954, RG59, NA.

19 Simmons, *The United States Marines*, 212.

20 Watson, *The Joint Chiefs of Staff and National Policy 1953-1954*, 80-85.

21 Watson, *The Joint Chiefs of Staff and National Policy 1955-1956*, 225.

22 Memorandum of Conversation between Eisenhower, Dulles, Anderson, Radford and Cutler, May 22, 1954, and Memorandum of Discussion at the 199th Meeting of NSC, May 27, 1954, U.S. Department of State, *Foreign Relations of the United States: Diplomatic Papers* [hereafter *FRUS*], *1952-1954, Vol. XIV* (Washington, D.C.: U.S. Government Printing Office, 1985), 428-430 and 433-434: Note by the Secretaries to the Holders of JCS 2118/64, 14 July 1954, Sec. 21, Box 17, Geographic File 1954-56, RG218, NA.

23 Memorandum on the 213th NSC Meeting, September 9, 1954, and Memorandum on the 214th NSC Meeting, September 12, 1954, *FRUS, 1952-1954, Vol. XIV*, 583-595 and 613-624.

24 Memorandum on the 220th NSC Meeting, October 14, 1954, *FRUS, 1952-1954, Vol. XIV*, 803-809. 福田円『中国外交と台湾――「一つの中国」原則の起源』慶應義塾大学出版会、2013年、50頁。

25 太田昌克『日米「核密約」の全貌』筑摩選書、2011年、68頁。

26 “Okinawa Braced for Red Attack”, *The Star and Stripes*, February 4, 1955.

27 Campbell Craig and Fredrik Logevall, *America's Cold War: The Politics of Insecurity* (Cambridge: Belknap and Harvard University Press, 2009), 151-153.

28 Watson, *The Joint Chiefs of Staff and National Policy 1953-1954*, 233 and 239-240.

29 屋良『砂上の同盟』82頁；平良『戦後沖縄と米軍基地』96-98頁。

30 “Deployment to Okinawa, note by the Secretaries”, 17 December 1954, Sec. 23, Box 17, Geographic File 1954-56, RG218, NA.

31 Reference Section Historical Branch, *The 3d Marine Division and Its Regiments* (Washington, D.C.: History and Museums Division Headquarters, U.S. Marine Corps, 1983), 27-28.

32 Watson, *The Joint Chiefs of Staff and National Policy 1953-1954*, 233 and 239-240.

33 “Deployment to Okinawa, note by the Secretaries”, 17 December 1954, Sec. 23, Box 17, Geographic File 1954-56, RG218, NA. なお、同史料および関連史料群は『米中間の軍事衝突の際に極東で米国がとりうる行動』と題するフォルダに収められている。

34 Watson, *The Joint Chiefs of Staff and National Policy 1953-1954*, 233, 239-240.

35 Joint Chiefs of Staff Decision on J.C.S. 2147/112, 26 August 1954, Sec. 22, Box 17, Geographic File 1954-56, RG218, NA.

36 Report by the Joint Strategic Plans Committee to the Joint Chief of Staff, 23 August 1954, and Memorandum for the Secretary of Defense, 26 August 1954, Sec. 22, Box 17, Geographic File 1954-56, RG218, NA.

37 Commandant of the Marine Corps to Secretary of Defense, October 18, 1954, attached with Note by the Secretaries to the Joint Chiefs of Staff, 26 October 1954, and Memorandum by the Commandant of the Marine Corps for the Joint Chiefs of Staff, 21 October 1954, Sec. 23, Box 17, Geographic File 1954-56, RG218, NA.

38 Report by the Joint Strategic Plans Committee to the Joint Chiefs of Staff, 5 November 1954, Sec. 23, Box 17, Geographic File 1954-56, RG218, NA.

39 Watson, *The Joint Chiefs of Staff and National Policy 1953-1954*, 240-241; Joint Strategic Plans Committee, 17 December 1954, Sec. 23, Box 17, Geographic File 1954-56, RG218, NA. 李『東アジアと米韓日関係』64頁。

40 Report by the Joint Strategic Plans Committee to the Joint Chiefs of Staff, 23 December 1954, Sec. 24, Box 17, Geographic File 1954-56, RG218, NA.

41 Australian Embassy, Tokyo, “The Sunakawa Affair”, 18 October 1956, Japan Relations with U.S.A., U.S. Policy Towards Japan (Including Withdrawals and Strategic Implications) Part 7, the National Archives of Australia, Canberra.

42 Report by the Joint Strategic Plans Committee to the Joint Chiefs of Staff, 23 December 1954, Sec. 24, Box 17, Geographic File 1954-56, RG218, NA.

43 *Lineage of 1st Marine Aircraft Wing*. http://www.mcu.usmc.mil/historydivision/Pages/PDF%20Files/1st%20Marine%20Aircraft%20Wing.pdf.

44 Watson, *The Joint Chiefs of Staff and National Policy 1953-1954*, 241-242; Joint

Strategic Plans Committee, 17 December 1954, Sec. 23, Box 17, Geographic File 1954-56, RG218, NA.

45 Simmons, *The United States Marines*, 212.

46 Memorandum on the 240th NSC Meeting, March 10, 1955, *FRUS, 1955-1957, Vol. II*, 345-350.

47 Memorandum of Record of Conversation held in Office of the Secretary of Defense, March 26, 1955, Box 6, Chairman's File 1953-57, RG218, NA.

48 Note by the Secretaries to the Joint Chiefs of Staff, 15 February 1955, and From Hull to Ridgway, 24 February 1955, Sec. 25, Box 17, Geographic File 1954-56, RG218, NA.

49 Watson, *The Joint Chiefs of Staff and National Policy 1953-1954*, 78-79.

50 Report by the Joint Strategic Plans Committee to the Joint Chiefs of Staff, 4 April 1955, Sec. 26, Box 18, Geographic File 1954-56, RG218, NA.

51 From Department of the Army to CINCFE, 12 April 1955, Sec.25, Box 17, Geographic File 1954-56, RG218, NA; Joint Chiefs of Staff Decision on J.C.S. 2147/136, 29 April 1955, Sec. 26, Box 18, Geographic File 1954-56, RG218, NA; From JCS to CINCFE, 29 April 1955, Sec.27, Box 18, Geographic File 1954-56, RG218, NA.

52 昭和30年2月20日付、外務大臣（重光葵）発中華民国臨時代理大使（宮崎章）宛公電、平成22年度外交記録公開文書（外交史料館にて閲覧）。

53 Memorandum of Record of Conversation held in Office of the Secretary of Defense, March 26, 1955, Box 6, Chairman's File 1953-57, RG218, NA.

54 福田『中国外交と台湾』62-63頁。

55 Reference Section Historical Branch, *The 3d Marine Division and Its Regiments*, 36-37.

56 林『米軍基地の歴史』、118頁。

57 Reference Section Historical Branch, *The 3d Marine Division and Its Regiments*, 32.

58 林『米軍基地の歴史』93-97頁；李『東アジア冷戦と韓米日関係』69-70頁。

59 中島信吾『戦後日本の防衛政策――「吉田路線」をめぐる政治・外交・軍事』慶應義塾大学出版会、2006年、129-130頁。

60 坂元一哉『日米同盟の絆――安保条約と相互性の模索』有斐閣、2000年、140-164頁；波多野澄雄『歴史としての日米安保条約――機密外交記録が明かす「密約」の虚実』岩波書店、2010年、29-45頁。

61 Memorandum of Discussion at the 290th Meeting of the National Security Council, Thursday, July 12, 1956, 沖縄県公文書館（0000073472）.

62 我部『戦後日米関係と安全保障』93頁。

63 Deployment from Japan of all U.S. Armed Force and Facilities, 21 May 1956, Sec. 28, Box 18, Geographic File 1954-56, RG218, NA.

64 Progress Report on U.S. Policy toward Japan (NSC 5516/1), October 19, 1955, 石井修・小野直樹監修『アメリカ合衆国対日政策文書集成VII　日米外交防衛問題1956年』

第9巻、柏書房、1999年、112頁。

65 From Chief of Naval Operations to Naval Aide to the President, 5 March, 1957, and Memorandum for General Goodpaster, April 15, 1957, Box 1, White House Office, Office of the Staff Secretary, 1952-1961, Subject Series, Department of Defense Subseries, Dwight D. Eisenhower Library, Abilene, Kansas [hereafter DDEL].

66 Memorandum for General Goodpaster, April 15, 1957, Box 1, White House Office, Office of the Staff Secretary, 1952-1961, Subject Series, Department of Defense Subseries, DDEL.

67 From AmEmbassy, Tokyo to the Department of State, November 27, 1956, 石井・小野『アメリカ合衆国対日政策文書集成IV　日米外交防衛問題1957年』第5巻、110頁；石井栄政府委員答弁、衆議院内閣委員会、昭和32年2月20日、国会議事録検索システム。

68 我部『戦後日米関係と安全保障』120-127頁。

69 Memorandum of Conversation between Yasukawa and Sneider, May 8, 1957, 石井・小野『アメリカ合衆国対日政策文書集成IV　日米外交防衛問題1957年』第5巻、148頁。

70 林『米軍基地の歴史』163-164頁。

71 From Tokyo to Secretary of State, March 12, 1957, 石井・小野『アメリカ合衆国対日政策文書集成IV　日米外交防衛問題1957年』第5巻、96-97頁。

72 Memorandum of Conversation with the President, May 24, 1957, Box 6, Papers of John Foster Dulles, White House Memoranda Series, DDEL.

73 中島『戦後日本の防衛政策』130-131頁。

74 Memorandum of Conversation with the President and Secretary Wilson on the Columbine, June 6, 1957, Box 6, Papers of John Foster Dulles, White House Memoranda Series, DDEL.

75 Subject to be discussed at White House with Prime Minister Kishi, June 19, 1957, Box 6, Papers of John Foster Dulles, White House Memoranda Series, DDEL.

76 Memorandum for the Director, Joint Staff, 27 November 1957, Sec. 25, Box 12, Geographic File 1957, RG218, NA.

77 Memorandum for Record, July 22, 1957, Box 1, White House Office, Office of the Staff Secretary, 1952-1961, Subject Series, Department of Defense Subseries, DDEL.

78 From Polly to Goodpaster, July 26, 1957, Box 1, White House Office, Office of the Staff Secretary, 1952-1961, Subject Series, Department of Defense Subseries, DDEL.

79 Reference Section Historical Branch, *The 3d Marine Division and Its Regiments*, 13; Memorandum by the Chief of Naval Operation for the Joint Chiefs of Staff, 8 August 1957, Sec. 25, Box 12, Geographic File 1957, RG218, NA.

80 Memorandum by the Chief of Naval Operation for the Joint Chiefs of Staff, 20 August 1957, Sec. 25, Box 12, Geographic File 1957, RG218, NA.

81 Note by the Secretaries to the Holders of J.C.S. 2180/105, 22 August 1957, Sec. 25, Box 12, Geographic File 1957, RG218, NA.

82 Memorandum by the Chief of Staff, U.S. Air Force, 3 October 1957, Sec. 25, Box 12, Geographic File 1957, RG218, NA.

83 Memorandum by the Chief of Naval Operation, 20 August 1957 and 26 September 1957, and Memorandum by the Chief of Staff, U.S. Air Force, 3 October 1957, Sec. 25, Box 12, Geographic File 1957, RG218, NA.

84 林『米軍基地の歴史』118、124頁。

85 From Headquarters Far East Command and United Nations Command Office of the Commander in Chief to Chairman, Joint Chiefs of Staff, 4 June 1957, Sec. 25, Box 12, Geographic File 1957, RG218, NA.

86 太田『日米「核密約」の全貌』75-76頁。

87 From Headquarters Far East Command and United Nations Command Office of the Commander in Chief to Chairman, Joint Chiefs of Staff, 4 June 1957, Sec. 25, Box 12, Geographic File 1957, RG218, NA.

88 http://www.defense.gov/faq/pis/mil_strength.html (Accessed on March 6, 2013).

89 Review of United States Overseas Military Bases by the Department of Defense, April 1960, 沖縄県公文書館 (0000073490).

90 林『米軍基地の歴史』126-127頁。

91 Arthur O'Neil, "Fifth Air Force in the Taiwan Straits Crisis of 1958," December 31, 1958, 19-26, in National Security Archive Electronic Briefing Book, "Air Force Histories Show Cautious Presidents Overruling Air Force Plans for Early Use of Nuclear Weapons," at http://www.gwu.edu/~nsarchiv/nukevault/ebb249/doc12.pdf (Accessed on March 6, 2013).

92 朝日新聞社『アメリカ戦略下の沖縄』同社、1967年、49頁。

93 Arthur O'Neil, "Fifth Air Force in the Taiwan Straits Crisis of 1958," December 31, 1958, 19-26, in National Security Archive Electronic Briefing Book, "Air Force Histories Show Cautious Presidents Overruling Air Force Plans for Early Use of Nuclear Weapons".

94 Memorandum for the Commander in Chief, Pacific by JCS, 26 September 1958, Box 9, Geographic File 1958, RG218, NA.

95 「日米安保体制をめぐる論争点」『安全保障、米軍基地に関する検討ペーパー』昭和43年7月18日、H22-001 0120-2001-02631、外務省外交史料館において閲覧。

96 朝日『アメリカ戦略下の沖縄』、11-76頁。

第2章

1960年代の海兵隊「撤退」計画にみる普天間の輪郭

川名晋史

はじめに

1968年から69年にかけて、米国の国防総省はなぜ沖縄における海兵隊の撤退を企図しながらそれを撤回し、最終的には普天間を含めた海兵隊基地の機能強化に転じたのか。本章はこの問いに答えることで、今日海兵航空部隊の拠点として位置づけられている普天間基地の「出自」を見出そうとする。

先行研究が指摘しているように、ジョンソン（Lyndon Johnson）政権末期の68年12月、米国防総省は沖縄と日本本土における米軍基地の大規模な整理・統合計画を策定した[1]。それは日本の関東平野に所在する航空基地の再編、佐世保の閉鎖と横須賀の母港化、板付の運用停止、王子病院の閉鎖を射程に収めたものであった。沖縄の海兵隊についても、普天間飛行場の閉鎖を含めたキャンプ・バトラーの事実上の運用停止が謳われた。以後、日本本土における基地再編計画は紆余曲折しながらも、その多くが「関東計画」（73年1月）に連なる一連の基地再編政策として実行に移された[2]。他方、沖縄の海兵隊の撤退計画は翌年以降、白紙に戻されたばかりか、普天間については新たに機能強化の方向性が示された。

本章が対象とする68年から69年は、在日米軍基地を取り巻く政治的・戦略的環境が大きく変容した時期である[3]。米国発のドル危機と北爆停止によって幕を開けた68年は、ベトナム戦争の混迷と米国の相対的力の低下が相まって、米国と西側同盟国との関係性を大きく変容させた[4]。日本国内では、1月に原子力空母エンタープライズが佐世保に入港し、3月には王子病院の開設を巡る反対運動が激化した。5月には佐世保の原子力潜水艦ソード・フィッシュが放射能漏れ事故を起こし、6月には板付所属のF-4戦闘機ファントムが九州大学構内に墜落した。それらに端を発する反基地運動はより一般的な大衆運動であるベトナム反戦運動、反米・反安保闘争と合流し、日米関係は大きく揺らいだ。そのような状況の下、12月に開催された第9回日米安全保障協議委員会（SCC）では、日本本土の余剰基地54ヵ所を対象とする基地の再編（「ジョンソン・マケイン計画」）が合意された。翌69年には米国でニクソン（Richard Nixon）政権が誕生し、7月にグアム・ドクトリンが発出されるとともに、11月には沖縄の施政権返還を謳った「佐藤・ニクソン共同声明」が発表された。

このような国際構造の変動と日米関係の転回局面にあって、米国の国防総省の文官および軍は海兵隊の機能と役割を在日米軍基地システムの中にいかに位置づけようとしたのか。また、同時期にみられた海兵隊の再定義をめぐる米国内の意思決定プロセスは、日本本土における基地の再編政策および眼前に迫る施政権返還問題といかに連接していたのか。本章はこれまで十分に光が当てられなかった米国の政策決定過程における官僚政治的展開と沖縄と本土の基地の相互作用の問題に着目しつつ、冒頭の問いに対する回答を提示する。

本章の議論を先取りすると次のようになる。国防総省の文官が策定した在沖海兵隊の再編計画はベトナム戦争後の戦略環境の変化と国内の財政制約に対処しつつ、日本本土で生じていた反基地圧力を緩和することを目的に立案されたものであった。海兵隊は軍事戦略上、朝鮮半島有事には不要とみなされ、米本国への撤収が検討された。また、かような撤退政策は日本本土において閉鎖を余儀なくされた基地の「収容場所」として沖縄を維持するための政治的手段としても位置づけられた。

ところが、かねてより沖縄の戦略的重要性を高く評価し、辺野古沖の埋め立てを前提とした海兵隊の増強計画（「マスタープラン」）を進めていた軍部はそれに反発した。海軍省は在沖海兵隊の強化を唱え、国防総省も海軍省の方針と平仄を合わせるように、一転して海兵隊の駐留継続と普天間の機能強化を図る方向に舵を切った。そこには当時、深刻な撤退圧力にさらされていた厚木海軍飛行場の閉鎖に伴う国防総省側の政治的事情もあった。普天間の機能強化は、軍部の求める海兵隊の軍事的・組織的必要性を満たし、かつ国防総省の文官が抱えていた政治的課題、すなわち首都圏周辺における基地問題の解決をもたらす解としての側面を有していた。

以下、第1節では60年代後半の日本の基地政治を彩る基地に対する国内的反発の問題を整理しつつ、国防総省による基地再編計画の中身を検討する。第2節では、再編計画に対する軍部の抵抗と沖縄の戦略的重要性に対する彼らの認識を明らかにする。その上で、ベトナム戦争後の在沖海兵隊の態勢に関する海軍省の計画を検討する。第3節では、それらの動きを受けて修正された国防総省の基地再編計画の中身を考察する。

1　海兵隊の撤退、普天間の閉鎖

本節では68年以降、日本本土で生じていた米軍基地に対する反発とそれへの対処の動き（「ジョンソン・マケイン計画」）を素描した上で、国防長官府（Office of the Secretary of Defense: OSD）によって進められた在日米軍基地システムの再編計画の策定過程とその中身を検討する。

(1) 後景としての「ジョンソン・マケイン計画」

空母エンタープライズの佐世保入港によって幕を開けた68年の基地政治は、6月2日に生じた九州大学へのF-4ファントム墜落事故によって混迷を極めることとなった。事故から2日後、駐日米国大使館のオズボーン（David Osborn）公使はラスク（Dean Rusk）国務長官に書簡を送り、基地に対する日本国内の反発が一層強まっていること、そして今般の事故が5月に起きたソード・フィッシュの放射能漏れ事故と併せて「二重災害（double disaster）」と報じられていると伝えた[5]。6日には「基地問題に関する暴風信号[6]」と題する書簡のなかで「大衆の要求は暴発寸前のレベル」との見方を示した上で、日本政府内にも「防衛問題に対する本質的な態度変化」の兆候がみられるがゆえに、基地問題の解決に最大限の注意を払う必要があるとの認識を伝えた。8日にはさらに踏み込んで「駐日大使には何らかの実質的な譲歩をするための自由裁量の権限が与えられる必要」があり、また「個別の基地問題に対して太平洋軍司令部とワシントンが別々に交渉するのではなく、包括的に対処し効率的なイニシアティブを獲得する必要がある」との、後の再編プロセスのありようを規定する重要な提案を行った[7]。

基地に対する日本国内の反対運動は6月以降、激化の一途をたどった。12日には北九州市で山田弾薬庫をめぐる衝突が発生し、5人の逮捕者と20人の負傷者が出た。在福岡米国領事館は「日本政府が板付の代替地候補として、同じく北九州市の芦屋と築城を検討していることもあり、今後、反基地運動がさらに激化することが予想される」との悲観的な見通しを国務省に伝えた[8]。7月に入っても、日本国内では参議院選挙との関連で新聞報道は基地一色となり、大使館と国務省間では連日この問題に関する文書が飛び交った[9]。

そのような状況を重く見た国務・国防両長官は7月8日、大使館および太平洋軍司令部に対し、9月1日を期限とする在日米軍基地の見直し作業の開始を命じた[10]。見直しは「米国の国益にとって絶対的に不可欠な基地を維持しつつ、優先順位が低くかつ潜在的に紛争の火種となる基地を削減あるいは撤収すること」を目的とし、「とりわけ基地がもつ重大な政治的敏感性（political sensitivity）に対して格別の注意を払う」ことが求められた。また「財政および国際収支の観点から基地機能や部隊運用を国外に移転する可能性についても考慮すべき」とされ、それについては「軍種間ないしは日本の自衛隊との共同使用」についての研究が求められるとともに、かような再編は「日本政府の財政負担によって」行われるべきとの方針も示された。

太平洋軍司令官のマケイン（John McCain, Jr.）海軍大将は8月26日から29日にかけて日本を訪問し、27日にはジョンソン（U. Alexis Johnson）駐日大使およびマッキー（Seth Mckee）在日米軍司令官と詰めの協議を行った[11]。協議の結果、計画の大枠についての合意が成立した[12]。その後、細部についての調整作業を経て、ジョンソンとマケインは9月26日に計画（ジョンソン・マケイン計画）に正式合意した[13]。計画は、日本本土の余剰基地を中心とする計54の施設を対象とした大掛かりなものであった[14]。そしてそれらは2つのカテゴリー、すなわち特定の施設を完全にあるいはその一部を日本政府に返還する32施設と、米国が引き続き必要とする施設であるものの条件によっては日本側の費用負担で日本国内の他の場所に移転し得る22施設に分けられた。11月9日、国務・国防両長官は計画を承認、ラスクは「米国と日本の相互の安全保障にとって重要な米軍施設に対する政治的圧力を緩和」し、かつ国際収支の改善に資するものとして高く評価した[15]。

(2) 国防総省の基地再編計画

ジョンソン・マケイン計画の立案が進む中、国防総省内でも在日米軍基地システムの抜本的な見直しが進められていた[16]。九大墜落事故から間もない6月7日、ウォーンキ（Paul Warnke）国防次官補（国際安全保障担当）は日米安全保障高級事務レベル協議に出席するためにワシントンを訪れていたジョンソン駐日大使との会談直前[17]、クリフォード（Clark Clifford）国防長官に対して基地問題に対する自身の見解を伝えた[18]。ウォーンキは「1969年から70年にかけて日本で生じることが予測される日米安全保障条約に対する深刻な反対運動を抑制する」ことの重要性を強調し、さらに基地の再編可能性について次のように述べた[19]。

最近の一連の事件によって、基地に対する好ましくない注目が集まっている。それらすべての事件は基地の整理・統合、および人口過密地域からの基地の撤去についての国内圧力を高めることになるであろう。国際収支の問題に鑑みれば、我々は日本本土における基地の閉鎖、もしくは整理・統合の可能性について真剣に検討を行うべき時期にあると信じている。私はこの問題についてすぐにJCSに書簡を送るつもりである[20]。

68年10月以降、国際安全保障局とシステム分析局、そして施設・兵站局を中心とする国防長官府の文官らは、沖縄を含めた在日米軍基地システムの再編計画に関する検討と調整に奔走した。計画は12月6日にまとまり、各軍省の長官、JCS議長、防衛研究技術部長、そして各国防次官補に送られた[21]。その射程には、関東平野に所在する航空基地の整理・統合、佐世保の閉鎖と横須賀の母港化、板付の運用停止、王子病院の閉鎖、そして普天間飛行場を含めた在沖縄海兵隊の撤退が収められていた。

①計画の概要

計画はまず、「日本および沖縄における米軍基地とそれに対する支援態勢が、現在のそして将来の緊急事態対処機能の双方にとって全く不可欠のもの」とした上で、基地のもたらす負の側面、すなわち「金の流出（gold outflow）」と「政治的課題」を克服する必要性を唱えた[22]。68年時点で、米国は日本および沖縄に238の軍事施設と87,000人の軍人、70,000人の軍属、そして6,000人の文民、さらに60,000人の外国人の計223,000人を展開していた。人件費は毎年9億ドルに上り、国際収支は毎年7億1,400万ドルの赤字であった。

そのため国防長官府は、「我々はいまこのベトナム戦争の最中においても、日本および沖縄における兵力の合理化を進めなくてはならない」とし、さらに「在日米軍は日本防衛のために維持されているのではない」（傍点筆者）とする、基地の存在意義に関する重要な認識を示した[23]。計画が実現した場合、９つの主要施設の閉鎖と、全体の22％にあたる19,000人の米軍人の削減がもたらされ、かつ毎年１億8,100万ドルの国防予算の削減、そして7,200万ドルの国際収支の改善が見込まれるとされた。さらに、再編費用については日本政府が4,800万ドルを負担するとの見通しが示された。再編の実施は進行中のベトナム戦争への対処を含めた軍の戦闘能力を減じるものではないとされ、さらに「特定の施設の返還についてはそれを日本の自衛隊に返還」し「緊急時に共同で使用する権利について交渉する」との方針を示すことで、予想される軍部の反発に配慮をみせた。

計画がとりわけ強調したのは、それがもたらす日米関係への影響、すなわち基地が生み出す政治的課題への対処の必要性であった。国防総省は、日本政府が「米軍プレゼンスを視界から遠ざけようと」していること、そして基地に反発する「野党と社会党を支持するグループからの圧力にさらされている」ことを重く見た。その上で、計画の実施が基地の持つ「占領の残滓」との印象を低下させ、かつ「政治的紛争を生じせしめている施設に影響を与える」との見通しを示した。具体的には、近年、特に政治的反発の大きい佐世保、板付、そして王子の問題に影響を与えるとした。そのため、後述のように、佐世保を完全に閉鎖し、板付を分散作戦基地（Dispersed Operating Base: DOB）へと変更し、王子陸軍病院を閉鎖することを提案した[24]。

さらに、沖縄が抱える「政治的に複雑な状況と我々の基地使用を制約する状況」が長期にわたり継続する可能性を指摘し、そのことが沖縄を「日本本土から移転される施設及び部隊の収容場所（repository）として位置づけることを困難にする」（傍点筆者）との、基地をめぐる沖縄と本土の特異な関係性に言及した[25]。

なお、この時点で、沖縄には那覇からコザにわたって集中する陸軍の補給基地、嘉手納基地を中心とする空軍基地、那覇港および東海岸ホワイトビーチの海軍施設、東海岸に点在する３つの海兵隊基地、北部の海兵隊演習場、各地の通信施設などの米軍施設が存在した。また米国はNCND政策の観点から公言することはなかったが、核兵器も配備されていた。大量報復戦略から柔軟反応戦略への転換期にあたる61年3月、沖縄にメースBが配備され、嘉手納基地に配置された第5空軍下の第498戦術ミサイル団の管理下に置かれた。メースBは恩納、読谷、勝連、金武に配置されていた。射程は約2,253キロといわれ、北京、重慶、西安、大同、長春、平壌、ウラジオストクなどへの核攻撃が可能であった。また、核弾頭を使用できる防空用のナイキ・ハリューズも配置されていた[26]。

②在沖米軍の再編

計画の対象は、陸・海・空軍および海兵隊のすべての軍種に及んだが、その中でも沖縄を対象としていたのが以下である。

陸軍

陸軍については、第30防空旅団が削減の対象となった[27]。第30防空旅団は全面戦争あるいは局地的な通常戦争のための部隊であったが、国防長官府はそもそも全面戦争において沖縄を防衛することは不可能と考えていた。というのも、沖縄はソ連のMRBM（準中距離弾道ミサイル）とIRBM（中距離弾道ミサイル）の射程内にあり、さらに将来的には中国のMRBMの射程にも入ると考えられていたからである。

また、国防長官府は通常戦争時にソ連がリスクを冒して、1,200マイルを飛行して中型爆弾を投下するかどうか疑わしいと判断していた。なぜならそのような作戦は攻撃目標に到達する前の段階で、日本および韓国のレーダーによって捕捉されると考えられたからである。したがって、この時点での第30防空旅団の駐留根拠は事実上、中国による局地的かつ通常型の攻撃への対処にあるとされた[28]。当時、中国はIL-28をおよそ250機保有していた。しかし、IL-28による攻撃は第7艦隊によって容易に捕捉されるであろうし、空母からスクランブルをかける戦闘機のターゲットになると考えられた。沖縄は米空軍のレーダーによってくまなくカバーされており、その意味で沖縄の安全保障は陸軍ではなく空軍の恩恵を受けていた。そのため、ナイキヘラクレス高射隊とホーク高射隊の一部の撤収が可能と判断された[29]。

航空基地

米軍は68年時点で、立川、横田、三沢、板付、厚木、岩国、そして嘉手納、那覇、普天間を主要な航空基地として使用していた。国防総省はそれらの再編案として、計画Ａと計画Ｂの２つを用意した[30]。計画の策定にあたっては、ベトナム戦争と朝鮮半島に対するコミットメントの問題、そしてベトナム戦争後の基地構造のあり方が検討された。

当時、日本本土および沖縄に空軍の戦闘攻撃機を配備する根拠は、朝鮮半島有事への対処にあった。危機が生じた際、戦闘機は最初の２日あるいは３日間、北朝鮮あるいは中国による制空を防ぐために必要と考えられた。それらを前提に、両計画はいずれも立川空軍基地、厚木海軍航空施設、大和航空施設の閉鎖を提案した。計画Ｂはそれに加えて岩国航空施設の運用縮小、そして普天間飛行場の閉鎖を唱えた。

まず、立川は1,500メートル級の滑走路を持たず、戦術航空機を受け入れることができないばかりか、基地周辺の人口が稠密であるために滑走路の拡張も困難と考えられていた。厚木については朝鮮半島から地理的に遠く、戦闘機による攻撃の射程外にあることから韓国防衛には役立たず、平時の訓練についても立川と同様、都市部に所在するがゆえに十分な運用が担保されないと判断された。そのため、立川に展開する空軍所属機は横田に移駐し、厚木の海軍・海兵隊所属機は岩国に移駐するとされた。またそれとの関連で、大和航空施設は完全に閉鎖するとされた。

次に、計画Ｂで示された海兵隊の撤退であるが、国防長官府は「海兵隊の航空機はそれが到着するまでに数日を要するものであり、海兵隊の展開は（朝鮮有事において）決定的なものではない[31]」（括弧内筆者）との見方を示した。また戦闘開始後、「最初の数日間に生じる航空支援要請は、前方展開しているおよそ200の空軍戦闘機によって満たされる」とし、さらに有事の初期段階における制空阻止を目的とするならば「海兵隊よりも、むしろ空軍の訓練および装備のほうが空対空の戦闘に適している」との認識を示した[32]。それを前提に、岩国は分散作戦基地（Dispersed Operating Base）へと格下げし、海軍所属機は横田へ、海兵隊所属機の一部は那覇およびクラークそして米本土へ移転するとともに、沖縄の普天間飛行場を完全に閉鎖するとした。なお、普天間は当時、ベトナムの第9海兵水陸両用旅団（Marine Amphibious Brigade: MAB）に対する支援およびヘリコプター輸送・給油飛行中隊に対する航空施設支援を主な任務としていた[33]。

板付については、同基地が持つ戦略的重要性——朝鮮有事において在韓米空軍基地が使用不能になった場合、板付が決定的な役割を果たす——を認識しつつも、深刻化する政治的課題への対処が不可欠とされたため、計画A・Bの何れにおいても、いわゆる「プエブロ危機」が完全に収束したのちに、分散作戦基地へ転換（すなわち運用停止）するとされた[34]。このような提案を行った上で、朝鮮半島有事における米軍の運用について、次のような認識を示した。

> 基地の整理・統合に関する議論によくあるのは、それが戦闘区域に供給する航空機の増強能力を低下させるというものである。しかしながら、どちらの計画もそうではない。朝鮮戦争の際に使用できる基地はたったの2つ、すなわち岩国と板付のみである。我々の2つの計画では、何れの基地も24時間以内に完全に運用可能な状態に置くことができる。その他の基地は朝鮮半島から遠距離にあるため、一時的な前方展開地点を提供するにすぎない[35]（傍点筆者）。

海兵隊

在沖海兵隊については上述の普天間のみならず、ベトナム沖に展開していた第3海兵師団の第26連隊上陸戦闘チーム（Regimental Landing Team: RLT）および、今日の第3海兵兵站群の前身である第3海兵兵站連隊（Force Service Regiment: FSR）も再編対象とされた[36]。第26RLTはベトナム戦争後に米本国へ移転するとされ、それに伴い第3FSRを在沖陸軍の第2兵站部隊に統合するとした。すなわち、キャンプ・バトラーの大部分を維持管理状態（caretaker status）に置くことが提案されたのである[37]。

ちなみに、このとき第3FSRはハワイに拠点を置く太平洋艦隊海兵軍（FMFPAC）の指揮下にあった。彼らの任務は太平洋艦隊海兵軍に対する兵站支援、とりわけベトナムと沖縄に展開する部隊支援にあった。個別の任務としては次の5つ、すなわち、1）在ベトナム海兵隊の一般的支援、2）在沖海兵隊陸上部隊の支援、3）在ベトナム海兵隊への補給支援、4）在沖海兵隊陸上部隊への補給支援、5）ベトナムで使用される装備の維持・修理であった[38]。そのため、第26RLTをはじめとした戦闘部隊が米本国に撤収するとなれば、兵站部隊である第3FSRの必要性も減じられるはずであった。加えて、当時、海兵隊の装備の大半は陸軍のそれとほぼ同一であった。そのため、計画では第3FSRを縮小した上で、陸軍の第2兵站部隊に統合することが提案された。

なお、このような第3FSR不要論の下敷きとなったのは、国防次官補室の契約監査副局長、ウェルシュ（Joseph P. Welsch）の報告書であった[39]。ウェルシュを中心とする監査チームは、太平洋地域における効率的な兵站支援を実現するために、68年2月から3月にかけて第3FSRおよび陸軍第2兵站部隊に関する詳細な調査を行った。調査の過程では、第3FSR司令官およびFMFPACの副司令官へのヒアリングも行われた。その結果明らかになったのは、第3FSRは太平洋地域（とりわけベトナム）に展開する部隊に対して効率的かつ十分な兵站支援を提供できていないという事実であった[40]。彼らは求められる必要物資のわずか34%しか供給できておらず、その不足分は米本国からの海上輸送によって補われていた。さらに、軍の基準では必要物資は発注から9日でベトナムに届けられなければならなかったが、第3FSRはそれに平均9.5日から14.5日の日数を要していた。

実際、当時の第3FSRは在庫管理のためのデータベースが日常的に不具合を起こす等の技術的な問題を抱えていた。進行中のベトナム戦争に支障をきたす恐れのある第3FSRの兵站支援レベルは早急に改善されなければならず、そのためにウェルシュが提起したのが既述の第2兵站部隊との統合だった[41]。ウェルシュによると、第3FSRが必要とする物資のほとんどは、陸軍第2兵站部隊が保有する物資によって代替可能であった[42]。彼は、沖縄に貯蔵されている陸軍資産を融通することで、ベトナムに対するより迅速かつ効率的な兵站支援が可能になるとみた。さらに、かような軍種間の相互運用は沖縄における過剰資産の削減に寄与するとの見方も示したのである。

2　バックラッシュ——沖縄の戦略的重要性と海軍省の計画

では、ここからは前節でみた、国防長官府の計画に対する軍部の反発と、そこから浮かび上がってくる沖縄の戦略的重要性に関する彼らの認識をみていこう。そのうえで、海軍省が作成したベトナム戦争後の在沖海兵隊の兵力再編計画の中身を検討していく。

（1）計画に対する軍部の反発

国防長官府の計画に対する軍部の反発は激しいものであった[43]。マケイン太平洋軍司令官は計画への嫌悪感を隠そうとせず、次のように述べた。

> 国防長官府の提案は、在日米軍基地をあたかも独立した存在のように扱っており、太平洋軍全体の基地システムの視点が欠落している。計画の主要

な論点は、人員、予算、そして金の流出の削減にあり、基地の軍事的機能や作戦任務の問題が扱われていない。また、米国の国家目標あるいは戦略との関係性も不明である。計画が採用された暁には、ベトナムでの作戦支援に対する深刻な負の影響が予想される。それは全面戦争および緊急事態の際の太平洋軍の能力を制約することになろう[44]。

マケインは日本において実施する基地の再編は、自身が策定にかかわり68年12月のSCCで合意されていた既出の「ジョンソン・マケイン計画」に限られるべきであると主張した[45]。このとき「ジョンソン・マケイン計画」は、すでに14が実行に移され、残りの15が交渉中、13が準備段階にあった。マケインにとって基地システムとは、複雑かつ一見関係の薄そうな種々の地域的な政策と戦略によって重層的に構成されるものであり、在日米軍基地システムについても、「太平洋地域における全体的な軍事所要と関連づけられなければならないし、この先の10年で米国が何を追求するのかという一般的な計画から導かれたもの」でなければならなかった[46]。批判の矛先は、システム分析局にも向けられた。太平洋軍は、システム分析局（そして同局のスタッフを多く輩出するRAND）が採用する手法、すなわち「空軍モデル」を非現実的かつ恣意的なものと批判した[47]。軍部にとって、施設、任務、機能、そして組織に関する適切な評価は、各々の施設ごとの兵力所要に基づいて算定されなければならなかった。沖縄の米軍基地については地元経済への影響も懸念された。太平洋軍によれば、計画の実施によって沖縄経済は14％縮小し、基地雇用従業員の3分の1が解雇され、2,000人から3,000人の間接雇用が失われる見通しであった[48]。

また、航空基地の整理・統合案にあった、いわゆる「計画B」についてはとりわけ岩国の閉鎖に反対した（普天間の閉鎖に関する言及はなかった）[49]。岩国を分散作戦基地に格下げすることは、太平洋軍の事態対処能力を減じさせるというのがその理由であった[50]。在沖海兵隊の撤収・削減案についても明確に反対の意思が示された[51]。西太平洋地域における戦闘部隊の削減は太平洋軍に求められる香港、シンガポール、韓国における即応能力を著しく後退させるものとされた。また、戦闘部隊と不可分の関係にある第3FSRの削減および陸軍第2兵站部隊との統合についても、およそ実現不可能とされた。

(2) 沖縄の戦略的価値――JCSの認識と「マスタープラン」

このように再編計画は軍部の強い抵抗を惹起したのであるが、では、そもそも当時の軍部にとって沖縄とはいかなる場所だったのか。実は、再編計画が策定されるおよそ1年前の67年7月、JCSは沖縄の基地に関する体系的な分析を行っていた[52]。以下、それをみていこう。

まず、軍部にとっての沖縄は、作戦基地と支援基地からなる「軍事施設の複合体」そのものであった。基地機能は4つあり、第一が、北東アジアから東南アジアまでをカバーする即応能力を維持せしめる中継拠点(staging area)および作戦基地としてのそれであった。第二に、西太平洋地域における陸・海・空軍支援のための兵站機能、第三に、西太平洋地域における兵站・連絡線のハブとしての機能があった。そして最後が、目に見える抑止力の証であり、それが自由世界全体の安全保障への重要な貢献と捉えられた[53]。

沖縄の戦略的重要性は、台湾、韓国、日本本土、フィリピン、そして中国大陸のいずれの地域からも1,000マイル以内にあるという地理的特性に基づくものであり、抑止の対象は(ソ連ではなく)中国であった[54]。

> 中国の侵攻を抑止するために、また極東における予期せぬ偶発的事態にとって、沖縄はこれからも重要であり続けるだろう。沖縄という最も重要な島は、北東アジアおよび東南アジアにおける作戦基地および兵站基地として、ベトナム戦争後の環境に寄与し続けよう。(中略)沖縄は警戒監視、偵察、諜報活動にとっての中心拠点となっている。米軍部隊は脅威に晒された地域に即座に展開することができ、かつ沖縄の基地の複合体からの支

援を受けることができる。排他的権限の行使が認められていることで、沖縄には核兵器および通常兵器を貯蔵することでき、そのことが軍の偶発事態対処計画および全面戦争計画の屋台骨となっている[55]。

JCSはベトナム戦争後も陸・海・空・海兵の4軍を沖縄に駐留させるつもりだった。それればかりか、海軍および海兵隊についてはプレゼンスを強化する方針であった。たとえば、海軍および海兵隊は、ベトナム戦争後、海兵師団と海兵航空団を展開させるための新たな海軍航空施設を、久志湾（辺野古沖）・大浦湾に建設することを計画していた。そして、それを実行するための前提となっていたのが、「海軍施設のためのマスタープラン（The Master Plan for Naval Facilities）」（以下、マスタープラン）であった[56]。

マスタープランは66年以降、海軍省内で立案が進められたものであり、沖縄北東部に位置する大浦湾を埋め立てて艦隊オペレーションを支援するための海軍施設を建設、さらに久志湾（辺野古沖）を埋め立てて二本の滑走路（それぞれ3,000m級）と弾薬庫を伴う海兵航空部隊の飛行場を建設するというものであった[57]。なお、同計画については、これまでその存在は知られていたものの、それが米国の政策決定プロセスのどのレベルで検討され（計画の重要性）、いつ如何なる理由で頓挫したのかが必ずしも明らかでなかった[58]。この点、本稿が扱う文書からは、少なくとも67年7月の段階で同計画がJCSの承認を得て、あとはマクナマラ（Robert McNamara）国防長官の承認待ちの状態にあったことが浮かび上がってくる。当時、久志湾・大浦湾の埋め立て計画は、西太平洋全体の基地システムの将来的な運用計画の前提を成す重要な要素として位置づけられていたのである。もっとも、その後に提出されることになる、既述の海兵隊撤退計画の存在と照らし合わせれば、マクナマラが辞任し、新たにクリフォードが国防長官に就任した68年2月以降、巨額の財政支出を伴う同計画は、少なくとも文官を中心とする政策決定者の構想からは外れていったと推察される。

一方、このときJCSは在沖米軍の整理・縮小、および基地移設の問題についても検討を行っていた。たとえば彼らは沖縄内への基地移設、そして沖縄外への基地移設の可能性をそれぞれ次のように捉えていた。

①沖縄内への移設

JCSは沖縄に広く散在する基地を一ヵ所（single area）に集中させる、いわゆる「飛び地（enclave）」の実現可能性を検討していた[59]。よく知られているように「飛び地」の概念は、1950年代後半に国家安全保障会議（National Security Council: NSC）と国務省を中心に検討された沖縄の「部分的返還論」の中核を成すものである[60]。それは沖縄本島、ないしは琉球諸島のいずれかの島に、米軍の排他的管理区域を設け、そこに基地を集合・統合化する代わりに、それ以外の区域を日本側に返還するというアイデアであった。しかし、そのような案は59年11月、アイゼンハワー（Dwight Eisenhower）大統領によって却下されたはずであった[61]。

ところが、50年代に日の目を見ることのなかったこの「飛び地」案が、興味深いことに67年以降、JCSの手によって再び沖縄の「グアンタナモ型」再編案として検討の俎上に載せられていた[62]。もっとも、同案はここでも退けられた。それは、計画の実施にかかる住民移動の困難性、基地建設およびそれに付随する新たなインフラ整備等にかかる費用、そして施政権返還の動きを加速させる政治的リスク等々の要素を重く見た結果であった。

②沖縄外への移設

他方、沖縄外への移設については、韓国、台湾、あるいはフィリピンへの移設が可能と判断されていた[63]。たとえば、在沖陸軍の兵站機能はフィリピンの基地で代替しうるとされた。さらに、2、3年以内を目処にフィリピン国内に新たな基地複合体を建設することが可能になるとの見通しも示された（費用はおよそ1億8,050万ドル）[64]。しかしながら、沖縄における陸・海・空軍、および海兵隊の統合運用体制が損なわれること、そして何よりも沖縄において享受してきた部隊運用の柔軟性と利便性が失われ得るとの判断から、結局、否定的な結論が下された[65]。そしてそれとの関連で、基地の移転を阻む地位協定の問題が次のように取り上げられた。

> 沖縄のいくつかの基地をフィリピンないしは台湾に移転するためには、（接受国とのあいだで）地位協定について交渉しなければならないだろう。その際、米国が日本との間で締結している協定より望ましいか、或いはそれと同等の協定を締結できる保証はなく、またかような協定が持続する保証もない（括弧内筆者）[66]。

海兵隊の移転可能性については、軍事的観点からそれを明確に否定した。西太平洋地域における潜在的な候補地として、たとえばグアム、南太平洋の信託統治領、そしてフィリピンが挙げられたが、それら地域への移転は海兵隊の事態対処能力と即応力を低下させると断ぜられた[67]。

では、このような軍部の認識は、69年以降、国防長官府の再編計画の進展にどのような影響を与えたのか。そしてにわかに組織的存亡のふちに立たされることとなった在沖海兵隊はいかに自身の役割を再定義し、ベトナム戦争後の戦略環境のなかに身を置こうとしたのか。以下、海兵隊を所管する海軍省の認識を見ていこう。

（3）ベトナム戦争後における兵力態勢――海軍省の計画

国防長官府の計画が提出されて９ヵ月が経った69年９月５日、海軍長官のチェイフィー（John H. Chafee）はクリフォード国防長官に対して、ベトナム戦争後の在沖海兵隊の基本コンセプトを説明した[68]。図表２-１は、69年12月の段階で予定される海兵隊の兵力構成と規模である。海軍省は沖縄に、第３海兵遠征軍（3MEF）司令部、海兵師団（第３海兵師団）、特別上陸部隊（今日

図表 2-1　69年12月時点において予定される海兵隊の兵力構成

第 3 海兵遠征軍

MEF HQ	126
DATA PROC PLT	24
計	150

海兵師団

HQ BN	1,062
INF REGT 1	2,282
INF REGT 2	2,282
ARTY REGT	1,590
ENGR BN	499
MED BN	119
MT BN	115
RECON BN	342
SP BN	312
SVC BN	592
計	9,195

特別上陸部隊（SLF AFLOAT）

SLF HQ	40
BLT	
INF BN	1,070
D/S ARTY BTY	133
107mm MORTAR BTY	88
ENGR PLT	43
RECON PLT	24
SP PLT	30
MT PLT	41
DET MED BN	9
DET SVC BN	52
AVIATION	
HMM（21-CH46）	258
DET VMO（5-UH1）	32
FORCE TROOPS	
PLT TK BN	22
PLT AMTRAC BN	35
DET FSR	41
計	1,918

兵站部隊

RLT, BRIDGE CO	41
TANK BN	692
AMTRAC BN	591
COMM BN	388
ENGR BN	491
CI TM	16
SSC TM	6
DENTAL CO	4
MT BN	301
FSR	2,720
RLT, ARMDAMPHIB CO	42
IT TM	22
INTERP TM	12
計	5,326

第 1 海兵航空団

MAG（VH）	
H&MS	345
MABS	405
HMH	257
HMM	258
VMO	210
VMGR	124
MATCU	68
DET MASS（DASC）	39
MACS	234
計	1,940

基地支援（BASE SPT）

MCB BUTTLER	516
H&HS FUTEMA	88
計	604

国防総省　特別任務（DOD SPECIAL）

D CO MARSPT BN	62
NAF NAHA	53
USNA VINST SERV	1
計	116

総　計　19,249

出典：“Post-Project 703 Marine Forces on Okinawa,” Enclosure, Proposed Troop List Marine Corps Forces On Okinawa.

の31MEU)、兵站部隊（今日の第3海兵兵站群)、第1海兵航空団、そして基地支援（キャンプ・バトラー）を展開し、その兵力数を19,249人とする計画を用意した[69]。いうまでもなく、それは今日の海兵隊の編成および規模とほとんど一致する。

海軍省の提案は、先の国防長官府の計画を受け入れないことを意味した。すなわち海兵隊は「撤退」ではなく、ベトナム戦争前の態勢維持、ないしはその増強が唱えられた。当然ながら、撤退が提起されていた戦闘部隊（第3海兵師団の第26RLT）と兵站部隊（第3FSR）およびキャンプ・バトラーは維持され、かつ普天間飛行場も残置するとされた[70]。海軍省はこの時点で、グローバルな海兵隊を3つの海兵師団と3つの海兵航空団、そして3MEF（沖縄）を含めた3つの海兵遠征軍によって編成する方針を固めていた[71]。チェイフィーによれば、米国の戦略目標が西半球地域に限定されるものでない以上、海兵隊は特定の脅威に対抗することのみを目的とするのではなく、より一般的な目的を達成するために、太平洋と大西洋をまたいで広く展開されなければならなかった。

在沖海兵隊の主力は、当時進められていたベトナムからの兵力移転（redeployments）が完了し次第、1個RLTを含めた、1個海兵師団と1個海兵航空団によって構成されるとされた[72]。RLTは沖縄をハブとする西太平洋の基地システムの中に配置され、ベトナムに4個、沖縄に2個、米本土およびハワイに1個が配置されることとなった（彼らはこれを「4-2-1態勢」とよんだ)[73]。ただし、沖縄における2個RLTは、厳密には沖縄とフィリピンのスービック海軍基地にそれぞれ1個ずつ配置されることを意味した。

焦眉の急であった在ベトナム海兵隊の撤退については、第5海兵師団を解散した上で、69年11月30日までに1個RLTと司令部、そして第3海兵師団を沖縄に移転するとした[74]。また、2個CH-46飛行中隊と1個CH-53飛行中隊、そして1個A-6飛行中隊を含めた第1海兵航空団を、同じく11月30日までに沖縄および日本本土（岩国）に移転するとした。かような海軍省の提案に、クリフォードは「好意的な反応（favorable reaction）[75]」を示した。翌日、チェイフィーは早速クリフォードに対し太平洋地域におけるRLT「4-2-1態勢」の承認を求めた。それが承認されれば、在沖海兵隊の地上部隊は師団規模となり、沖縄における展開兵力は将来的に1万9,000人を下回らない算段であった。

3　撤退計画の撤回と普天間の機能強化

さて、69年夏以降、国防長官府は再編計画の見直しに着手していた。7月29日、パッカード（David Packard）国防副長官はマケイン太平洋軍司令官に書簡を送り、前節で見た軍部の主張に一定の理解を示すとともに、彼らの意向を汲んだ新たな計画を用意している旨を伝えた[76]。その成果は9月5日にまとまり、JCS議長、各国防次官補、そして陸・海・空軍長官に送られた[77]。新たな計画は、ベトナム戦争後の基地システムの「青写真」を示したものであり、前回に比して、再編の規模と範囲が抑制されていた。そして、前節で見た海軍省の計画と平仄を合わせるかのように、海兵隊の撤退案は撤回され、普天間飛行場については新たに機能強化の方向性が示された。

（1）計画の概要

新たな計画は主に7つの削減案（在日米陸軍、在沖米陸軍、米海軍、西太平洋における海軍基地、海軍航空施設、在沖海兵隊、諜報部隊）によって構成されていた。国防長官府はそれによって国防予算を年間3億2,920万ドル削減できるとし、また国際収支の赤字を毎年1億2,580万ドル削減できると試算した[78]。

（2）再編対象

では、新たな計画は何をどこまで再編しようとするものだったのか。以下、海兵隊に関連する提案に限って見ていこう。

①海兵隊

在沖海兵隊については、前回の計画とは打って変わり、ベトナム戦争前の兵力規模の維持、あるいは将来的な増強の可能性が示された[79]。図表２-２からわかるように、69年９月の時点で沖縄には11,542人の海兵隊員が駐留していたが、ベトナム戦争後はそれが22,172人に増員されることとなった（図表２-３）。それは先に見た海軍省の計画（19,249人）を超える規模であった。

図表２-２　1969年９月時点の兵力構成と人員数

基地管理	キャンプバトラー	1,334
	計	1,334
戦闘部隊	第３海兵師団	7,400
	第３FSR	1,192
	太平洋艦隊海兵軍司令部	162
	その他	232
	計	8,986
支援部隊	第３FSR	2,918
	キャンプバトラー	1,334
	計	4,252
総　計		11,542

出典："US Bases and Forces in Japan, the Ryukyus, the Philippines and Guam," p. 6/3.

図表２-３　ベトナム戦争後に予定される兵力構成と人員数

基地管理	キャンプバトラー	1,334
	計	1,334
戦闘部隊	第３海兵師団	15,000
	太平洋艦隊海兵軍司令部	162
	その他	232
	計	
支援部隊	第３FSR	4,110
	キャンプバトラー	1,334
	計	5,444
総　計		22,172

出典："US Bases and Forces in Japan, the Ryukyus, the Philippines and Guam," p. 6/3.

図表2-3で目を引くのは、第3海兵師団の数（15,000人）であろう。ここに第3海兵師団の沖縄駐留継続の方針は、文官を含めた国防総省全体の総意となったといえる。また、戦闘部隊が駐留する以上、前回の計画で撤退が企図されていた第3FSR（キャンプ・フォスター）も駐留が継続されることとなった。

もっとも、削減対象となった部隊もある。第5海兵師団の一部である第9MABの第26RLT後方梯隊（Rear Echelon）である[80]。前節で見たとおり、海軍省の計画ではベトナム戦争後、沖縄には1個師団規模の陸上戦闘部隊が置かれる予定であった。ところが、当時、海兵隊は第26RLT以外にも陸戦部隊を3個師団有しており、それが財政を逼迫する要因となっていた[81]。そこで槍玉にあげられたのが、第9MABから切り離され、計画立案と訓練以外にほとんど任務が与えられていなかった第26RLT後方梯隊であった。

②海軍航空基地

新たな計画で最も重要な再編が打ち出されたのが海軍航空基地である[82]。当時、西太平洋地域に地上配備された海軍機は主に、1）対潜水艦戦闘（警戒監視）、2）気象およびその他の偵察任務、3）訓練および艦隊支援の任についていた。海軍は西太平洋地域に4つの飛行場と1つの航空施設を持ち、海兵隊は1つの飛行場と1つの航空施設を有していた。提起されたのは、3つの飛行場の閉鎖と海兵隊施設の整理・統合であった。

具体的には、厚木海軍飛行場の閉鎖、岩国海軍航空基地および普天間飛行場の機能強化、フィリピンのサングレーポイント海軍航空基地の閉鎖、フィリピンのキュービポイント海軍航空基地の整理・統合、グアムのアガナ海軍航空基地の閉鎖、グアムのアンダーセン空軍基地の再編、那覇海軍航空基地の縮小であった。人員削減の規模としては、日本本土において1,744人、沖縄で253人、フィリピンで1,407人、そしてグアムで298人の計4,498人であった。予算の削減額は年間2,230万ドルに上ると試算された[83]。

海兵隊との関連で重要だったのは、厚木海軍飛行場の再編だろう。国防長官府は厚木について前回と同様の見方、すなわち基地使用に対する地域住民の反発の問題を重く見ていた。厚木海軍飛行場での任務飛行は深刻な制約下にあり、それは60年代以降一貫して政策決定者らの頭を悩ませてきた[84]。一方、彼らは厚木が持つ修理補修基地としての機能を高く評価していた。海軍は日本の民間企業である「日本飛行機（日飛）」と契約を結び、海軍所属航空機の修理を委託していたが、その費用は米本土で行うよりも安かった。そこで国防長官府は厚木海軍飛行場の閉鎖を提案する一方で、整備・補修業務については継続することとした。

問題は厚木に展開していた航空機の移転先であった。当時、厚木には40の固定翼機と29のヘリコプター機が展開していた（ただし、そのうちのいくつかは南ベトナムに展開中であった）。国防長官府は、ベトナム戦争が終結するまでの間、厚木に展開する69機全てを岩国海兵隊飛行場に移転するとした。そして、ベトナム戦争終結後には、それを横田空軍基地と那覇海軍施設に分散移転するとした。また、2個哨戒大隊を岩国に配備するとともに哨戒・戦術支援大隊を横田に配備するとした。さらに、ヘリコプター混成飛行隊を那覇海軍飛行場と普天間飛行場に配備するとした[85]。

表2-4は、西太平洋地域における海軍・海兵隊所属航空機の展開計画である。個別の表の左が69年1月時点であり、右がベトナム戦争後（73年時点）を示している。そこから明らかなように、新たな計画は厚木を閉鎖する代わりに、岩国と普天間の機能を強化しようとするものであった。岩国については、固定翼機の倍増（55機から122機）が提起された。一方、普天間については固定翼機とヘリコプターの双方の増大が計画された。とりわけ注目すべきはヘリコプターの数だろう。それまで普天間においては、ベトナム戦争中はもとより、第1海兵航空団が同飛行場に展開を開始した1960年以降もヘリコプター部隊はほとんど展開しておらず、69年1月時点では僅かに4機が展開するのみであった。それが今回の計画の実施によって、将来的には80機へ

図表2-4　日本における海軍航空基地と航空機の配備計画

	1969年1月		73年（計画）	
	航空機	数	航空機	数
厚木海軍飛行場	UC-45J	1	HH-3A	2
	RC-45J	1	US-2A	2
	EA-3B	12	RH-3A	3
	EC-121M	6	UH-2C	4
	C-2A	14	UH-46D	2
	VT-39F	3	EA-3B	9
	UH-46	4	EP-3A	2
	UH-2A	11	EC-121M	6
	H-3	14	VT-39E	3
	C-130	3	C-2A	3
			P-3	18
計		69		54
固定翼機		40		43
ヘリコプター機	29	11		

	1969年1月		73年（計画）	
	航空機	数	航空機	数
那覇海軍航空施設	HU-16	2	US-2A/B	2
	P-3A	9	HU-16D	2
	DP-2E	1	RC-45J	1
	US-2C	6	F-8J	10
	UH-34D	2	DP-2E	2
	DF-8F	12	DF-8F	4
			T-33B	2
			US-2C	5
			UH-34D	2
			P-3	9
計		32		39
固定翼機		30		37
ヘリコプター機		2		2

	1969年1月		73年（計画）	
	航空機	数	航空機	数
岩国海兵隊飛行場	H-340	2	C-54	1
	C-117	2	T-1	2
	UC-45J	1	C-117	6
	HU-16	2	TA-4	9
	TA-4F	1	A-6	24
	C-54	3	A-4M	20
	F-4B	37	EA-6	6
	P-3A	9	RF-4	9
			F-4	45
計		57		122
固定翼機		55		122
ヘリコプター機		2		0

	1969年1月		73年（計画）	
	航空機	数	航空機	数
普天間海兵隊飛行場	US-2B	2	US-2B	2
	KC-130F	12	CH-53	30
	UH-34D	4	CH-46	42
			UH-1	3
			KC-130	12
			UH-1	5
			OV-10	12
計		18		106
固定翼機		14		26
ヘリコプター機		4		80

出典：“US Bases and Forces in Japan, the Ryukyus, the Philippines and Guam,” p. 5/3. より筆者作成

と、実に20倍の規模に増大する見込みとなった。展開する航空機の全体数も、それまでの20機から106機へと膨れ上がることとなった。

　いうまでもなく、このような普天間飛行場の機能強化は前節で見た海軍省

の提案と符合するものである。繰り返せば、海軍省は1個RLTの展開を予定しており、その司令部を沖縄に設置するとしていた。また、CH-46とCH-53のヘリコプター機、そしてA-6飛行中隊を含めた第1海兵航空団を69年11月30日までに沖縄に戻すとしていた。

最後に、それら決定のタイミングについても触れておこう。実は、新たな普天間の位置づけ（閉鎖か、それとも機能強化か）は69年夏以降、すなわち沖縄の施政権返還に向けた日米協議が大詰めをむかえていたごく短期のうちにまとめられていたことがわかっている。というのも、69年4月17日、海軍次官補のサンダース（Frank Sanders）は国防総省の施設・兵站局に対して普天間基地内のレクリエーション施設の新規建設を要請したが、進行中の基地再編計画の対象に普天間が含まれていることを理由に回答は保留されていた[86]。この時点で普天間の将来像はまだ流動的だったということである。加えて、6月から7月末にかけて国防総省内部（JCSを含む）では、沖縄の海軍および海兵隊のグアムないしは太平洋の信託統治地域への将来的な移転可能性が検討されていた[87]。海軍省は施政権返還に伴う、沖縄からの予期せぬ撤退に備えて、政治的コストの低いそれら地域に新たな基地を建設する手立てを模索していた。この点、前節でみたように、67年7月の時点でもJCSはそれら地域を潜在的な移転候補地と位置づけていたし、同様の計画は、次章で見るように70年代前半以降も引き続き検討課題として位置づけられている[88]。これらのことから、国防長官府と軍部の間で行われた普天間基地の再定義に関する本格的な検討作業は、パッカードが再編計画の見直しを打ち出した69年7月末から、それが完了する9月初頭にかけてのわずか1ヵ月余で実施されたものとみてよいだろう。

おわりに

ここまでの考察を通じて本章の問い、すなわち「1968年から69年にかけて、なぜ米国は沖縄における海兵隊の撤退を企図しながらそれを撤回し、最終的には普天間を含めた海兵隊基地の機能強化に転じたのか」にどのような回答を示せるだろうか。

まず、これまで見てきたとおり、ジョンソン政権末期の68年12月に立案された在沖海兵隊の撤退計画は、ベトナム戦争後の戦略環境の変化と国内の財政制約に対処しつつ、日本本土で生じていた反基地圧力を緩和することを目的としたものであった。海兵隊は軍事戦略上、朝鮮有事には不要とみなされ、戦闘部隊（第3海兵師団の第26RLT）の米本国への撤収と兵站部隊（第3FSR）の整理・統合が打ち出された。普天間基地の閉鎖を含めたキャンプ・バトラーの事実上の運用停止である。また、かような撤退政策は日本本土における不要な基地の「収容場所」として沖縄を維持するための政治的手段としても位置づけられていた。

ところが、69年以降、軍部の抵抗に直面した国防長官府は一転して海兵隊の駐留継続と普天間の機能強化を図る方向に舵を切った。同時期、JCSは沖縄の施政権返還を求める日本国内の機運を警戒しつつ、沖縄が持つ戦略的重要性と運用上の利便性を認識していた。とりわけ、海兵隊については有事の即応性を高く評価し、再編計画が持ち上がる直前まで大浦湾・辺野古沖の埋め立て構想（「マスタープラン」）を前提とした増強計画を進めていた。それゆえに軍部は国防長官府の計画に対して組織防衛的ともとれる反応を示した。マケインは、計画を太平洋軍の対処能力を著しく制約するものと断じ、海軍省はほどなくベトナム戦争後の在沖海兵隊の増強計画を提出した。この時海軍省が示した編成と規模（定数約19,000人）は今日に至る在沖海兵隊の基本的骨格を成すものであった。そしてその決定のタイミングは、奇しくも沖縄の施政権返還を約した11月の「佐藤・ニクソン会談」の直前であった。

この点、一次史料からは必ずしも明らかでないが、軍部としては施政権返還が日米間で合意されるよりも前に、ベトナム戦争後の在沖海兵隊の態勢について国防長官の承認を得ておく必要があったのではないか[89]。国務省が主導する施政権返還交渉は、軍の組織的利益が担保された後、すなわち海兵隊の編成と規模が既成事実化された後で開始される必要があったのではないか。実際、既述のようにベトナムからの第3海兵師団および第1海兵航空団の兵力移転は、佐藤・ニクソン会談が予定されていた11月までに完了される予定であった。また、その後の経緯をみても、施政権返還までに閉鎖された基地は那覇空軍基地の空港部分や与儀貯油施設、那覇ホイール・エリアをはじめとする33ヵ所に過ぎず、普天間、嘉手納、那覇軍港、ホワイトビーチ、知花弾薬庫、北部演習場などの主要基地は存続することとなった。先行研究によれば、国務省の側には軍部の強固な反対を抑えて沖縄の施政権を手放すことを決定した直後に、既存の基地の整理・統合を進める余力は残されていなかった[90]。

一方、国防長官府の側にも、深刻な撤退圧力に晒されていた厚木海軍飛行場の閉鎖を優先する代わりに、普天間の航空機受け入れ体制を強化しなければならない、およそ政治的な事情があった。かくして、普天間に展開するヘリコプターの数はそれまでの20倍に増強されることとなった。実際、計画提出後の9月16日には、海兵隊がベトナムから順次沖縄に移転する旨が大使館に通告され[91]、11月4日には海軍省が企図したとおり、第1海兵航空団の第36海兵航空群（MAG 36）が普天間に移駐した。以降、普天間は常時50機から80機の航空機が展開するMAG 36の拠点として固定化されていく。70年代以降の在沖海兵隊の位置づけ、なかんずく航空部隊の一大拠点としての普天間の輪郭は、施政権返還合意目前の60年代後半に生じた海兵隊の軍事的・組織的必要性に対する軍部の認識と、首都圏基地が抱える政治的課題の解決を模索する国防長官府の選好の一つの均衡点として捉えることができるだろう。

［付記］

本稿は、沖縄県知事公室地域安全政策課が実施した2014年度共同研究『沖縄の海兵隊をめぐる米国の政治過程』（2015年3月公刊）の筆者担当章「在沖海兵隊の撤退圧力とその反作用——本土基地再編プロセスとの連接性」（7-41頁）を加筆・修正したものである。また、本研究の一部は、科学研究費補助金（若手研究（B）26780111）の助成を受けている。

【注】

1　拙稿「在日米軍基地再編を巡る米国の認識とその過程——起点としての1968年」『国際安全保障』第42巻、第3号、2014年12月、16-30頁。また、以降70年代前半まで続く日本本土の基地再編については、小山高司『戦史研究年報』第11号、2008年3月、1-20頁；吉田真吾『日米同盟の制度化』名古屋大学出版会、2012年。沖縄における基地再編については、我部政明「在日米軍基地の再編——1970年前後」『政策科学・国際関係論集』第10巻、2008年3月、1-31頁；野添文彬「沖縄米軍基地の整理縮小をめぐる日米協議1970-1974」『国際安全保障』第41巻第2号、2013年9月、99-115頁。

2　再編過程で二転三転した例としては、たとえば、横須賀海軍基地がある。68年の計画で「母港化」が謳われた横須賀はその後一転して事実上の閉鎖が企図された。その際、佐世保の「母港化」が検討されるに至ったが、結局のところ、最終的に母港に選定されたのは横須賀であった。なお、「関東計画」は、1973年1月に日米間で合意された「関東平野地域における施設・区域の整理・統合計画の通称であり、関東平野地域における米空軍基地を削減し、その大部分を横田に統合するとともに、6つの基地（立川飛行場、府中空軍施設、水戸空対地射爆撃場、キャンプ朝霞、関東村住宅地区、ジョンソン飛行場住宅地区）を日本側に返還する計画である。

3　たとえば、菅英輝「冷戦の終焉と60年代性」『国際政治』第126号、2001年2月、1-22頁。

4　なお、米国のベトナム戦争への本格的な介入は、65年3月6日に行われた沖縄駐留の第3海兵師団によるダナン上陸作戦に端を発するものである。（Department of the Navy, Reference Section Historical Branch, *The 3D Marine Division and Its Regiments*, History Museums Division Headquarters, U.S. Marine Corps, Washington D.C., 1983, p. 5.）

5　Embtel 8921, Tokyo to Secretary of State [SoS], "Repercussions of Kyushu University Plane Crash," June 4, 1968, Box 1562, Central Foreign Policy File [CFPF], 1967-1969, Record Group [RG] 59, National Archives II, College Park, Maryland [NA].

6　Embtel 9003, Tokyo to SoS, "Storn Signals on US Base Issue," June 6, 1968, Box 1562, CFPF, 1967-1969, RG 59, NA.

7　Embtel 9069, Tokyo to SoS, "Build Up of Pressures against Bases," June 8, 1968, Box 1562, CFPF, 1967-1969, RG 59, NA.

8 Embtel 57, Fukuoka to SoS, June 12, 1968, Box 1562, CFPF, 1967-1969, RG 59, NA.
9 A-1740, Tokyo to DoS, "The Japan Socialist Party and US-Japan Relations," July 16, 1968, Box 2249, CFPF, 1967-1969, RG 59, NA.
10 Deptel 198179, DoS to Tokyo and CINCPAC, July 8, 1968, Box 1562, CFPF, 1967-1969, RG 59, NA.
11 United States Forces, Japan, *History of Headquarters United States Forces, Japan, 1 Jul.-30 Sep. 1968*, pp. 40-41.
12 Cable 54800, CINCPAC to CJCS, "Trip of Admiral McCain to Okinawa, Taiwan, Philippines, Saigon, Japan, and Korea," September 8, 1968, The National Security Archive, ed., *Japan and the United States: Diplomatic, Security, and Economic Relations, 1960-1976*, ProQuest Information and Learning, 2012 [*NSA*], No. 995.
13 Embtel 12369, Tokyo to SoS, "U.S. Bases in Japan," September 27, 1968, Box 1562, CFPF, 1967-1969, RG 59, NA.
14 Memo, CJCS to SoD, "Japan Base Study," November 2, 1968, Box 13, ISA Subject Decimal Files 1968-1968, RG 330, NA.
15 Deptel 269933, DoS to Tokyo and CINCPAC, November 9, 1968, Box 1562, CFPF, 1967-1969, RG 59, NA.
16 拙稿「在日米軍基地再編を巡る米国の認識とその過程」参照。
17 Memcon, "Security Subcommittee: Second Session," June 7, 1968, Box 2249, CFPF, 1967-1969, RG 59, NA.
18 Memo, Warnke to Clifford, "Meeting with Ambassador U. Alexis Johnson," June 7, 1968, Box 13, Office of the Secretary of Defense, ISA Subject Decimal Files 1968-1968, RG 330, NA.
19 Ibid.
20 国際収支に対する当時のウォーンキの認識については、Memo, Warnke to Kuchel, Feb. 23, 1968, Box 3, Office of the Secretary of Defense, ISA Subject Decimal Files 1968-1968, RG 330, NA.
21 Memo, Clifford to Secretaries of the Military Departments (et al.), "U.S. Bases and Forces in Japan and Okinawa," December 6, 1968, The National Security Archive, ed., *Japan and the United States: Diplomatic, Security, and Economic Relations, Part III: 1961-2000*, ProQuest Information and Learning, 2012 [*NSA III*], No. 53.
22 Ibid., p. 1.
23 Ibid.
24 Ibid., p. 4.
25 Ibid.
26 中島琢磨『沖縄返還と日米安保体制』有斐閣、2012年、49頁。
27 "U.S. Bases and Forces in Japan and Okinawa," pp. 8/1-8/2.
28 Ibid., p. 8/1.
29 Ibid.

30 Ibid., pp. 6/1-6/2.

31 Ibid., p. 6/7.

32 Ibid.

33 Memo, Earle G. Wheeler（CJCS）to SOD, "Future Use of Ryukyuan Bases," July 20, 1967, *NSA*, No. 695, p. 31.

34 "U.S. Bases and Forces in Japan and Okinawa," p. 6/8.

35 Ibid.

36 第３FSRは、76年３月に第３兵站支援群（3rd Force Service Support Group）に改組され、その後、2005年10月、現在の第３海兵兵站群（3rd Marine Logistics Group）となっている。

37 Ibid., p. 11/3.

38 Ibid., p. 11/1.

39 Memo, Welsch to CJCS, "Report on the Audit of Selected Supply Management Areas, U.S. Marine Corps, 3rd Force Service Regiment, Okinawa," June 21, 1968, Box. 50, Joint Secretariat Central File 1968, RG 218, NA.

40 Ibid.　軍保有資産の効率化の動きは、財政制約上切迫した問題であった。たとえば、12月10日、米国会計検査院（GAO）の副院長のファシック（J. Kenneth Fasick）は国防長官及び国防次官補（監査担当）に対して、69年６月までにすべての軍保有資産と極東における補給システムの見直しを行うよう要請している。（Memo, Fasick to SOD, December 10, 1968, Joint Secretariat Central File, Box 50, RG 218, NA.）

41 Ibid.

42 Memo, Welsch to CJCS, "Report on the Audit of Selected Supply Management Areas, 2d Logistical Command, U.S. Army, Okinawa," June 18, 1968, Box. 50, Joint Secretariat Central File 1968, RG 218, NA.

43 最初に批判の狼煙を上げたのは空軍であった。１月10日、空軍はとりわけ嘉手納と那覇基地への影響に鑑みて、それら基地における人員削減を拒否した。（Memo, Brown to SoD, "U.S. Bases and Forces in Japan and Okinawa," Jan. 10, 1969, *NSA III*, No. 54.）

44 Memo, From CINCPAC to SoD, 12 June, 1969. *NSA*, No. 1087.

45 Ibid.

46 CINCPAC, *Command History 1968*, p. 72.

47 CINCPAC, *Command History 1969*, p. 60.

48 Ibid., p. 61.

49 CINCPAC, *Command History 1968*, pp. 73-74.

50 Ibid., p. 76.

51 Ibid., pp. 78-79.

52 "Future Use of Ryukyuan Bases,"

53 Ibid., Appendix, pp. 4-5.

54 Ibid., p. 5.

55 Ibid., pp. 5-6.

56 Ibid., pp. 7-8.
57 Commander, Pacific Division, Naval Facilities Engineering Command to District Engineer, U.S. Army Engineer District, Okinawa, "Master Plan of Navy Facilities, Okinawa, Ryukyu Islands, Dec. 29, 1966. 沖縄県公文書館。
58 たとえば、『東京新聞』2015年4月26日。
59 "Future Use of Ryukyuan Bases," Appendix, pp. 15-17.
60 石井修・小野直樹監修『アメリカ統合参謀本部資料1953-1961』第13巻、柏書房、2000年、95-98頁。我部政明『日米関係のなかの沖縄』三一書房、1996年、第2章。
61 ロバート・エルドリッヂ「40年前の基地統合計画に学ぶ」『琉球新報』2001年1月31日。
62 「グアンタナモ型」の表現は、From Norman S. Orwat to Department of Defense, Deputy Secretary, "Ryukyu Base Study," August 25, 1967, *NSA*, Japan and the U.S., Part III, 1961-2000, No. 39.
63 "Future Use of Ryukyuan Bases," Appendix, p. 18.
64 Ibid., p. 20.
65 Ibid., p. 18.
66 Ibid., pp. 25-26.
67 Ibid., p. 20.
68 Memo, John H. Chafee to SoD, "Post-Project 703 Marine Forces on Okinawa," September 6, 1969, *NSA III*, No. 69.
69 なお、特別上陸部隊は67年3月、ベトナム戦争に参加するために既出の第9MABから分離して編成された部隊であり、今日の第31海兵遠征部隊（31MEU）の前身にあたる。
70 "Post-Project 703 Marine Forces on Okinawa,"
71 Memo, Chafee to Deputy SoD, "DOD Report on Analysis of Alternative General Purpose Force Strategies and Force Postures for NSSM3," May 1, 1969, Subject Decimal Files ISA 1969, Box 7, RG 330, NA.
72 "Post-Project 703 Marine Forces on Okinawa,"
73 Ibid.
74 Ibid.　ベトナムからの撤退計画の詳細は、Commander in Chief United States Pacific Fleet, *Operation Plan CINCPACFLT NO. 69-69*, March 25, 1969, Box 1, Records Relating to Planning for the Withdrwal from the Repbulic of Vietnam, RG 385, NA.
75 "Post-Project 703 Marine Forces on Okinawa,"
76 Memo, Packard to McCain, July 29, 1969, Subject Decimal Files ISA 1969, Box 16, RG 330, NA.
77 Memo, Packard to Secretaries of Military Departments, Chairman, Joint Chiefs of Staff, Assistant Secretaries of Defense, "US Bases and Forces in Japan, the Ryukyus, the Philippines and Guam," September 5, 1969. *NSA*, No. 1115.
78 Ibid.
79 Ibid., pp. 6/1-6/4.

80　当時、第26RLT本隊は、ベトナムおよびベトナム沖に展開していた。

81　それは小規模事態に対処する２個師団（第１海兵師団、第５海兵師団）と、欧州における非NATO事態への戦略予備（strategic reserve）としての１個師団（第82空輸師団）である。

82　Ibid., pp. 5/1-5/13.

83　Ibid., p. 5/1.

84　Memo, Paul Nitze to SoD, "Relocation of a Marine Aircraft Group from Japan to Okinawa," December 12, 1963, *NSA*, No. 290.

85　"US Bases and Forces in Japan, the Ryukyus, the Philippines and Guam," p. 5/4.

86　Memo, ASoN（I&L）to ASoD（I&L）, "Nonappropriated Fund Project for the Construction of a Bowling Center at Marine Corps Air Facility, Futema, Okinawa," April 17, 1969, Subject Decimal Files I&L 1969, Box 17, RG 330, NA; Memo, Sheridan to ASoN（I&L）, "Nonappropriated Fund Project for the Construction of a Bowling Center at Marine Corps Air Facility, Futema, Okinawa," April 28, 1969, Subject Decimal Files I&L 1969, Box 17, RG 330, NA.

87　Memo, ASoN（I&L）to ASoD（I&L）, "Base Development, Trust Territories Pacific Islands," Jun 13, 1969, Subject Decimal Files I&L 1969, Box 21, RG 330; Memo, ASoN to the Director of Joint Staff, "Base Development, Trust Territories Pacific Islands," July 25, 1969, Ibid.

88　野添文彬「1970年代から1980年代における在沖海兵隊の再編・強化」本書第３章参照。

89　ちなみに、JCSは69年７月以降、日本側との施政権返還交渉を担当する沖縄交渉団の主席軍事代表に海軍少将のカーティス（W. L. Curtis, Jr.）を推すことを検討していた。そして海軍省の計画が提出された直後の９月17日、ホイーラー（Earle G. Wheeler）JCS議長は、カーティスの人事を承認している。（Memo, CJCS to SoD, "Special Reprentative of Secretary of Defense and Joint Chiefs of Staff and Senior Military Representative on the US Okinawa Negotiating Team," September 19, 1969, Subject Decimal Files ISA 1969, Box 16, RG 330, NA.）

90　中島『沖縄返還と日米安保体制』、299頁。

91　Joint State/Defense Message, "Relocation on Okinawa and Japan of Units from Viet-Nam," Sep. 16, 1969, Central Foreign Policy Files 1967-1969, Box 1563, RG 59.

第3章

1970年代から1980年代における在沖海兵隊の再編・強化[1]

野添文彬

はじめに

1970年代から1980年代は、国際情勢が振り子のように大きく変動した時期だった。1970年代前半には、米ソ関係改善や米中接近、日中国交正常化、そしてベトナム戦争の終結など、緊張緩和が進展した。1970年代末には、米ソ対立が再燃し、新冷戦の時代に入っていく。しかし1980年代後半以降、米ソは関係改善を模索し、冷戦終結へと向かう。

この間、沖縄は、1972年5月、日本に復帰したが、巨大な米軍基地のほとんどは維持されたままだった。むしろ沖縄返還前後の時期に、日本本土の米軍基地が大幅に縮小されたことで、沖縄への米軍基地の集中が進み、この状態が定着していく（図表3-1）。

しかしこのことは、1970年代から1980年代にかけて、在沖米軍の兵力や基地に大きな変化がなかったことを意味しない。実際には、この時期、沖縄においては米陸軍の兵力が大幅に削減される一方で、米海兵隊の兵力と使用基地が増大した。兵力面では、1960年代末には沖縄に駐留する米海兵隊は、1万人弱であったが、1970年代以降、ベトナムからの第3海兵師団の移転や、山口県岩国からの第1海兵航空団司令部の移転などにより、在沖海兵隊の兵力は増大し、1980年代には2万人規模に膨れ上がる。これに対し、沖縄の米

図表 3-1　日本全体の米軍基地面積と沖縄の米軍基地面積の推移

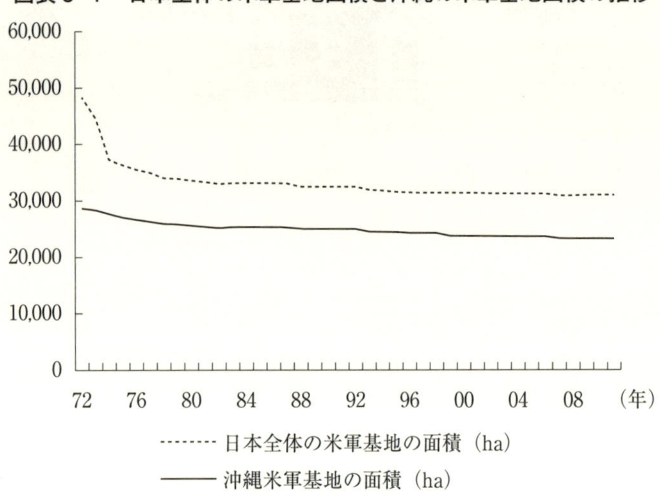

出典：沖縄県知事公室基地対策課『沖縄の米軍及び自衛隊基地（統計資料集）』平成24年3月、8、112頁より筆者作成。

陸軍兵力は1960年代末には1万人程度だったが、1980年代には、1000人に満たないまでに縮小された（図表3-2）[2]。施設面では、陸軍が管理していたキャンプ瑞慶覧や牧港補給施設などが海兵隊へと移管されることによって、海兵隊基地が増大する（図表3-3）。

前章で指摘されたように、1960年代末以降、ベトナム戦争の泥沼化や国際収支の悪化などを受けて、米国政府は海外における軍事プレゼンスの再編に着手した。1970年代には、米中接近やベトナム戦争の終結といった国際情勢の中で、米軍再編の動きは加速される。後述するように、この時期にも、海兵隊の沖縄からの撤退が米国政府内では真剣に検討された。それにもかかわらず、1970年代から1980年代にかけて、なぜ在沖海兵隊は増強され、その状態が維持されたのか。

本章では、この過程を、米国政府、日本政府、そして沖縄現地情勢にそれぞれ目配りしつつ分析する。これまで、在沖米軍基地に関する歴史研究は、

図表3-2　1970年代から1980年代にかけての在沖米軍の兵力数の推移

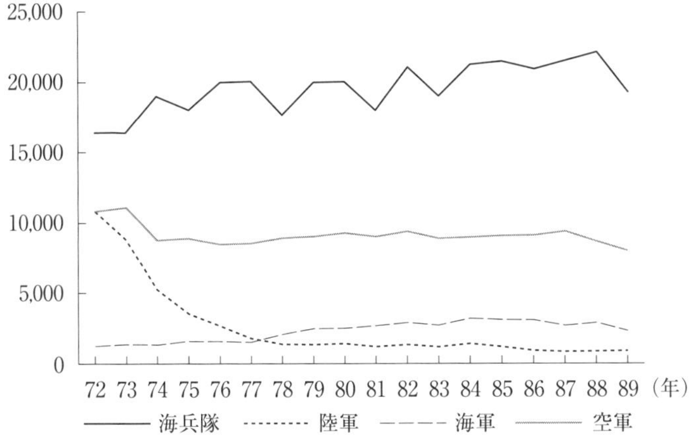

25,000
20,000
15,000
10,000
5,000
0
72 73 74 75 76 77 78 79 80 81 82 83 84 85 86 87 88 89 (年)
海兵隊
陸軍
海軍
空軍

出典：沖縄県知事公室基地対策課『沖縄の米軍基地及び自衛隊基地（統計資料集）』平成26年3月、18-21頁より筆者作成。

図表3-3　1972年（昭和47年）と1982年（昭和57年）の沖縄米軍基地軍別分布状況

（昭和47年）
海軍
3.15%(1)
空　軍
12.77%
(14)
陸　軍
22.78%
(46)
海兵隊
61.30%
(16)
（昭和57年）
空　軍
23.95%
(16)
陸軍
1.57%
(3)
海軍
2.41%
(10)
海兵隊
72.06%
(19)

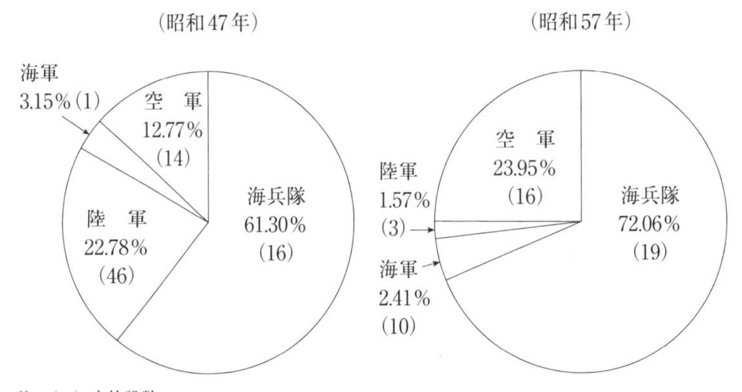

注：(　) 内施設数。
出典：沖縄県総務部知事公室『沖縄の米軍基地』昭和58年（増版）、7頁。

1972年の沖縄返還実現に至る過程に関心を集中させ、それ以降の時期については踏み込んだ分析を行ってこなかった[3]。その一方で、1995年の沖縄での少女暴行事件以降、現在までの普天間返還問題を中心とする在沖米軍基地をめぐる経緯については、研究者やジャーナリストによる多くの著作がある[4]。いわば、沖縄返還から1990年代までの時期は、在沖海兵隊はもとより、沖縄の米軍基地問題全般について研究史上の空白であった[5]。本章では、在沖海兵隊を軸にこの時期を実証的に明らかにすることにより、より注目されがちな2つの時期を架橋する。

結論を先取りすれば、日米両政府の相互作用の結果として、1970年代から1980年代にかけて、在沖海兵隊は増強されるとともに、その駐留の安定化が目指された。在沖海兵隊について、日本政府が米国の対日防衛コミットメントの明確な証拠としてその維持を望んだのに対し、米国政府は日本政府を安心させるとともに防衛上の負担分担を引き出そうとこれを同盟外交上活用したのである。その一方で、海兵隊への沖縄現地の反発によって、まさに同じ時期に、現在まで続く普天間基地返還といった問題も浮上していたのである。

以下、本章では、次のような構成で議論を進める。まず、1972年5月の沖縄返還実現までに、在沖海兵隊が増強されたことを指摘する。次に、沖縄返還実現や国際情勢の変容の中で、在沖海兵隊の撤退が検討されたが、実現に至らなかった過程を論じる。第三に、ベトナム戦争終結直後、在沖海兵隊がさらに再編強化される過程を分析する。最後に、新冷戦が開始される中、在沖海兵隊の役割が増大するとともに、それを契機として日米防衛協力が進展したことを明らかにする。同時に、普天間返還問題が沖縄から提起されたことを指摘する。

1　沖縄返還と在沖海兵隊

1969年1月に発足したニクソン（Richard M. Nixon）政権は、ベトナムからの撤退を掲げるとともに、「ニクソン・ドクトリン」を発表して同盟国への負担分担や対外関与の抑制を目指した。この方針の下、海外の米軍プレゼンスの縮小が進められ、1969年から1972年にかけて、南ベトナムから約47万人

(主に陸軍)、韓国から約2万人(主に陸軍)、フィリピンから約1万人(主に海・空軍)の米軍が撤退する[6]。

沖縄は、1969年11月、佐藤栄作首相とニクソン大統領の間で1972年の日本への施政権返還が合意された。しかし、米軍部は、施政権返還にかかわらず、沖縄は西太平洋における米軍の主要な作戦・兵站基地であり続けると考えていた。米太平洋軍によれば、アジアにおける米国の防衛計画は沖縄米軍基地を使用することを前提としており、沖縄に地域防衛のための戦闘即応兵力などを維持しようとしていたのである[7]。

それゆえ、沖縄返還が合意されたまさにその時期に、沖縄には、ベトナムから撤退した米海兵隊が再配備されていく。1969年7月から8月にかけて第9海兵連隊がキャンプ・シュワブへ、11月に第3海兵師団司令部がキャンプ・コートニーへ、同時期に第4海兵連隊がキャンプ・ハンセンへ、1971年8月には第12海兵連隊がキャンプ・ヘイグへ、それぞれ再配備された[8]。また1969年11月には、第1海兵航空団を構成する第36海兵航空群が普天間基地を本拠地とする[9]。さらに1971年4月には、第3海兵水陸両用軍司令部がキャンプ・コートニーへ移転する。こうして在沖海兵隊は、1967年の約1万人から1972年の約1万6000人へ増大した[10]。

海兵隊は、沖縄への恒久的な駐留を続けるつもりであった。1970年1月の記者会見で、チャップマン(Leonard F. Chapman, Jr)海兵隊総司令官は、「沖縄返還後も沖縄の海兵隊基地を整理縮小または撤退させる計画はない。半永久的にこれらの基地を残すというのが我々の計画である」と宣言している[11]。3月にチャップマンが米下院軍事委員会で説明したところによれば、ベトナムから撤退した沖縄の米海兵隊は、いつでもベトナムに出動できる態勢になっていた[12]。

1969年11月に沖縄返還が合意されるまでの日米交渉では、返還後の沖縄からの核兵器の撤去や在沖米軍基地への事前協議制度の適用といった、いわゆる「核抜き・本土並み」が争点になる一方で、在沖米軍の通常兵力及び基地の規模は議論にならなかった。むしろ沖縄返還交渉時、日本政府は、海兵隊を含め沖縄における米軍のプレゼンスを安全保障上重視した。外務省北米局によれば、「極東における米軍の地上戦力は韓国等におけるものを除き、ほとんど名目的なものとなっているため、沖縄に戦闘即応部隊を配備して、緊急の際に備える必要がある」[13]。それゆえ、「極東地域に局地戦争が勃発した場合、海兵隊や戦闘爆撃機が即刻発進しうる態勢にあることが有効な抑止力として存在するためきわめて重要」だと考えられたのである[14]。

沖縄返還合意直後に海兵隊が沖縄に配備されたことについても、日本政府は問題視していたとはいえない。1970年3月の国会答弁で、東郷文彦外務省アメリカ局長は、「安保条約の目的、すなわち極東の平和と安全に寄与する」のであれば、海兵隊が「返還後の沖縄に来ることも条約上排除されるものではございません」と説明している。さらに東郷の説明によれば、「いまの海兵隊がその能力からして、極東以外に行き得る」可能性があっても、それが「極東の平和と安全」のためであれば問題ではないというのだった[15]。

もっとも日本政府も、沖縄の米軍基地が返還後も全く変わらなくてよいと考えていた訳ではない。外務省内では、那覇空港および那覇軍港の返還など、沖縄の米軍基地を現状の7割程度に削減するべきだと考えられていた[16]。その際、「海兵隊キャンプ及び北部演習地の縮少」も目標とされたのである[17]。

この時期、日本本土では、「ニクソン・ドクトリン」の方針の下、米軍再編が進んだ。1970年12月、日米安全保障協議委員会（SCC）において、三沢、横田、横須賀、厚木、板付の米軍基地が閉鎖されるとともに、当時の在日米軍兵力の3分の1にあたる1万2000人が撤退することが合意される[18]。これにより、沖縄と岩国の海兵隊を除いて、日本の米軍実戦部隊はほとんど撤退し、「在日米軍基地は『有事駐留』の予備基地の性格を強めることになる」ともいわれたのだった[19]。

ところが日本政府は、日本本土の米軍プレゼンスの縮小によって、むしろ沖縄に駐留する海兵隊をより重視するようになっていく。1970年末の防衛庁内での議論では、在日米軍の削減によって、有事において米軍が来援するという「大きい前提の決め手の人質がいなくなる」ので、「米軍が来ない危険性」があるとの懸念が指摘されている。それゆえ、「アメリカは、どこまで引くかという歯止めが必要」で、沖縄の米軍基地や海兵隊は「抑制力として最低必要なもの」だと論じられた[20]。

このように日本政府内では、今後は現存する米軍プレゼンスを維持する必要性があると考えられるようになっていく。久保卓也防衛庁防衛局長は、1971年2月の論文の中で、アジアからの米軍の大幅縮小を予想した上で、日本有事において、「日本に米軍の第一線兵力がいない場合、米軍の来援を制約する可能性」があることを懸念している。なぜなら、もし日本に米軍が駐留していなければ「人質がないので事実上米軍が自動的に介入することにならない」ということなどが考えられるからだった。それゆえ久保は、「米国の第一線兵力の一部が日本の領土（例えば沖縄）に顕在することが望ましいこととなった場合、日本は、将来NATO諸国の如く、米国より防衛費の分担を要求されることのありうべきことも考慮しておく必要があろう」と論じた[21]。つまり久保は、沖縄をはじめとした日本国内に「人質」としての米軍が駐留し続けるため、日本政府が防衛上の負担分担を引き受ける必要を示唆したのである。

一方、米国政府でも、少なくとも沖縄返還実現まで、沖縄の米軍基地の縮小については取り上げられる雰囲気にすらなかった[22]。米国政府は、沖縄返還に向けて、反発する軍部を抑えるとともに、議会を説得する必要があった。さらに、米軍関係者の説明によれば、「本土の基地整理が具現化し、あるいはヴィエトナムからの撤兵が進行すれば、少くとも一時的にはオキナワの基地にシワ寄せが行なわれることとなる」ため、当面、沖縄米軍基地の縮小は困難だと考えられたのである。その一方で、「長期的にはオキナワ基地の整理が行われるほかない」との見通しも米国政府内には存在していた[23]。

また米国政府内では、上述のように米軍プレゼンス縮小に日本政府が懸念を示す中、沖縄に海兵隊をはじめとする米軍を維持する必要性も指摘されている。1971年8月、国務省のスパイアーズ（Ronald I. Spiers）政治軍事問題局長は、ロジャーズ（William P. Rogers）長官に対し、日本をはじめとしたアジアの同盟国は、大幅な米軍プレゼンスの縮小や突然の米中接近などによって、米国の動向に懸念を抱いていると指摘した。それゆえ、現状の「韓国に一個師団、沖縄に海兵隊二個連隊、そしてハワイに陸軍と海兵隊の部隊」という「ベトナム以外の現在のレベルでの太平洋の地上兵力を維持するべき」だと主張したのである[24]。

1972年5月、沖縄の施政権返還が実現する。しかしこの間、沖縄では、海兵隊が強化される一方、米軍基地の整理縮小は先送りされ、この問題は返還後の争点となっていく。

2　在沖海兵隊撤退をめぐる日米協議1972-1974年

沖縄では、施政権返還にもかかわらず、巨大な米軍基地が存在し続けたことに対し、不満が強まっていた。しかもこの時期、米軍をめぐる事件が頻発し、1972年9月には、キャンプ・ハンセン内で、米海兵隊員が日本人の基地従業員を射殺するという事件が起き、基地反対運動が再び盛り上がりを見せた[25]。

国際的には、この時期、東アジアの緊張緩和が進んだ。1972年にはニクソン大統領が中国とソ連を相次いで訪問し、米中関係、米ソ関係がそれぞれ改善、日中国交正常化も実現する。1973年1月にはベトナム和平協定が調印された。このような緊張緩和の趨勢の中で、日本国内では、日米安保体制や米軍基地のあり方を見直す声が高まった[26]。

こうした国内外の情勢に対応するべく、日米両政府は、米軍基地の整理縮小に取り組み、1973年1月の第14回日米安全保障協議委員会（SCC）で、関東平野の米空軍基地を横田基地に統合する「関東計画」や、沖縄の那覇空港の完全返還などが合意される。ちなみに、「関東計画」実施に必要な費用や、那覇空港返還に伴って必要となる嘉手納基地での代替施設建設及び普天間基地の滑走路の改修工事に必要な費用は、日本政府が負担することになった。このように1973年1月のSCC合意は、在日米軍基地の統合に伴う移転費用の肩代わりという形で、日本政府が在日米軍駐留経費の負担分担に踏み出す大きな一歩になる[27]。

「関東計画」が合意され、日本本土の米軍基地縮小がさらに進んだことを受けて、日米両政府は、ついに沖縄米軍基地の整理縮小に本格的に取り掛かる。またこの時期、米国政府内では、ベトナム和平協定の調印を受けて、1973年2月から、国家安全保障検討覚書（NSSM）171「米国のアジア戦略」の検討作業が開始された。ここでは、ベトナム戦争後の米国の軍事態勢や同盟国の反応についても検討される[28]。沖縄米軍基地の整理縮小をめぐる日米協議と、ベトナム戦争後の米国のアジア戦略の検討という2つの作業が並行して進む中、沖縄最大の部隊である海兵隊のあり方が、議論の焦点の一つとなっていくのである。

すでに1972年末には、国防省のシステムアナリシスズの専門家によって、在沖海兵隊の検討が行われた。10月に国務省政治軍事問題局のマクロム（Robert McCollum）が駐米豪州大使館員に語ったところでは、この検討作業では、沖縄やハワイなど、すべての太平洋地域の海兵隊をカルフォルニアのサンディアゴに統合することが、「かなり安上がりで、より効率的」だという結論が出された。マクロムによれば、この結論は、経済的にも軍事的にも説得的なものだが、問題は国務省が政治的側面からこのような動きを懸念していることだった[29]。

ところが国務省でも、沖縄からの海兵隊の撤退を支持する意見が出される。1973年5月には、駐日大使館が、そもそも沖縄の海兵隊を「前方に配備することが米国の利益であり続けるかどうか」という根本的な問いを提起した。もし利益でない場合、普天間基地と「基幹的な司令部だけを残して、沖縄の海兵隊施設のほとんどがなくなることは明らか」だと指摘したのである[30]。ワシントンの国務省内でも、沖縄の海兵隊施設のあり方を特に注意して再検討するべきだと論じられている[31]。また国務省内では、普天間基地について、「ここで使用される航空機は、人の多く住む地域を低く飛び、目立った騒動を引き起こす」ので、「明らかに政治的負債」だとして、問題視する意見もあった[32]。さらに、前述した国務省政治軍事問題局のマクロムは、駐米豪州大使館員に対し、沖縄の海兵隊を韓国に移転させるという構想を説明している。この構想は、沖縄からの海兵隊撤去や韓国の受け入れ可能性など、いくつもの利点があるのだった[33]。

このような議論を反映する形で、国務省は、上述のNSSM171の検討作業において、沖縄からの海兵隊撤退を主張している。国務省は、直ちに東南アジア以外の地域から米軍を削減すること望ましくないとしたものの、1977会計年度から1978会計年度においては、韓国と沖縄からすべての地上兵力、つまり在韓米陸軍一個師団と在沖海兵隊三分の二個師団を撤退させる案を支持したのである[34]。

もっとも軍部は、海兵隊の沖縄からの撤退に強く反発した。この時期、軍部は、日本において「特に人口密集地での米軍の可視性を低下させる」べく、在日米軍基地を横田、横須賀、佐世保など最小限の「中核基地」へと統合しようとしていた。その一方で、有事において「一番に依存するのは、残された沖縄の基地」だとされ、沖縄米軍基地の維持が目指された。その中で、空軍の嘉手納基地などとともに、海兵隊の普天間基地を含むキャンプ・バトラー施設の維持が目指されたのである[35]。それゆえ5月、統合参謀本部（JCS）は、政治的・軍事的情勢次第では、在韓米陸軍の削減を受け入れてもよいとしつつも、沖縄の海兵隊は維持するべきだと主張し、国務省案に反対する[36]。

このような中、6月、国務省政治軍事問題局のブラウン（Les Brown）は、駐米豪州大使館員に対し、沖縄の米軍基地について、「米国政府内では、海兵隊の移転についての真剣な考慮がなされ続けている」と説明している。しかし「最大の問題の一つ」は、海兵隊の総司令部が、沖縄からの海兵隊の撤退が、海兵隊すべての削減を引き起こすのではないかと恐れ、抵抗していたことだった。これに加え、ハワイや米国西海岸に、すぐに使用できる施設がないという問題も存在していた[37]。

一方、日本政府内でも、在沖海兵隊をめぐって意見が分かれていた。海兵隊を含め、沖縄米軍基地の大幅縮小に積極的だったのが、山中貞則防衛庁長官と防衛施設庁であった。山中は、総務庁長官として沖縄返還に関わるなど、個人的に沖縄に深い思いを持っており、さらに国際的な緊張緩和が進展する中で、沖縄米軍基地を見直すべきだと考えていた[38]。それゆえ、山中自身が後に述べたところによれば、彼は、ベトナム戦争後、米軍は地上軍を使う可能性はないので、沖縄の海兵隊基地は必要ないと考え、米国側に対し、非公式に「私のほうからそういうことをいってみたこともあ」ったという[39]。

また防衛施設庁では、「カギは海兵隊がどうなるかだ」と、沖縄米軍の大部分を占める海兵隊の基地の縮小に期待していた。しかし、防衛庁では、海兵隊は「極東のどの地域にでもいったん事あれば派遣できるという抑止力の役目をはたしている」ため、ベトナム和平とともに沖縄から撤退するとは考えられないと見られていた[40]。また前述のように、防衛庁は、アジアの米軍プレゼンス縮小を懸念していた。

外務省では、当時、米国の戦略の中では、陸軍が削減される一方、海軍と空軍と海兵隊は重視されているという見方がとられていた。それゆえ、「沖縄の場合には、嘉手納の空軍基地と、海兵隊の基地が大きな意味合いを持っていた」と考えられたのである[41]。さらに、沖縄の海兵隊のあり方など「兵力の程度をどうするか、これはアメリカが自分で決めることで、日本側と相談はなかった」というのが実情であった[42]。加えて外務省内でも、米国のアジア関与縮小が懸念され、６月の米国側との協議で、東郷文彦審議官が、ベトナム戦争後も米国がアジアへの関心を失わないよう要請している[43]。

このような中、７月の第４回日米安保運用協議会（SCG）で、防衛庁の久保防衛局長は、米国側に「米国がアジアの安全保障問題に関与し続けるという証拠」として、第７艦隊と、空軍および海兵隊部隊によって構成される「機動戦力（mobile task force）」からなる米国の軍事プレゼンスが維持される必要があると論じた。そして久保は、「アジアにおける機動戦力の必要性を踏まえると、米国の海兵隊は維持されるべき」だと主張する。また久保は、米国は安全保障上の信頼性を維持するため、「対応する意思があるという目に見える証拠を維持しなければならない」とも述べている[44]。つまり久保は、「機動戦力」として、また米国の安全保障上の意思の証拠として、当時米国政府内で沖縄からの撤退が検討されていた海兵隊を維持するよう要請したのである。

海兵隊の維持を望む日本側の姿勢は、米国政府の政策方針にも反映されたと考えられる。少し後のことになるが、11月、シュースミス（Thomas Shoesmith）駐日公使は、ワシントンへ次のように報告している。それによれば、日本政府内の一部では、沖縄の海兵隊は、「日本に対する直接的な脅威に即応する米国の意思と能力の最も目に見える証拠」だと認識されている。それゆえ、日本政府内の海兵隊重視が強まれば、「我々の交渉上の梃子は強化される」と論じたのである[45]。前述のように、当初、国務省や駐日大使館では、沖縄からの海兵隊の撤退を支持する意見があった。ところが日本政府が海兵隊を重視していることを受けて、これを維持し、むしろ「交渉上の梃子」として利用することが構想されていったといえる。

こうして８月、ニクソン政権は、国家安全保障決定覚書（NSDM）230「アジアにおける米国の戦力と兵力」を決定する。ここでは、在沖海兵隊を含め、韓国、日本、沖縄、フィリピンの現在の米軍の兵力レベルを今後５年間維持することが明確化された[46]。その際、この地域における米軍のプレゼンスの維持は、米国がこの地域の安全保障に関与するという「決意の最善の証拠」だと考えられたのだった[47]。ゲイラー（Noel A. Gayler）太平洋軍司令官も８月の記者会見で、沖縄はその地理的位置から戦略的に重要であり続け、海兵隊も「全体的戦略能力の重要な部分」で「撤退については何の計画もない」と言明したのである[48]。沖縄に海兵隊が維持されたこともあり、1974年1月のSCCで合意された沖縄米軍基地の整理縮小計画は、限定的なものにとどまった[49]。

このように、1970年代前半、「関東計画」をはじめ日本本土の米軍基地が大幅に縮小される一方で、海兵隊など沖縄の米軍基地がほとんど維持されたことで、沖縄への米軍基地の集中が進んだのである。

3　ベトナム戦争終結と在沖海兵隊の再編1974-1976年

1960年代末以来、米軍部では、沖縄返還後、沖縄米軍基地が使用できなくなる可能性を見据え、代替施設をマリアナ諸島に建設する計画を進めていた。海兵隊も、訓練施設をテニアンに建設することを希望する。しかし、1974年11月には、JCSは、マリアナでの基地建設を大幅に縮小することにした。JCSによれば、「明らかに、返還後の数年間で、東京は、沖縄における現在の米軍のレベルを積極的に受け入れようとした」。それゆえ、「沖縄の日本への返還は、当初予想されたように米軍基地を移転させることにはならなかった」というのである[50]。

このように日本政府の姿勢は、在沖米軍が維持される上で重要な要因となっていた。そしてこれ以降、日米両政府は、沖縄をはじめ日本の米軍プレゼンスの縮小よりも、その安定的維持に取り組んでいく。その際、米国政府は、米軍プレゼンス維持を望む日本政府から負担分担を引き出そうとした。当時、米軍は、ベトナム戦争による戦費の増大による国防予算の制約や、円高による在日米軍維持経費の上昇に悩んでいた。それゆえ沖縄でも、米陸軍の兵員削減や現地の基地従業員の大量解雇が進められた。こうした中で1973年8月には、在日米軍司令部は、米軍基地の従業員にかかる労務費を日本政府が支払ったり分担したりすることを提案したのである[51]。

国務省政策調整部のアマコスト（Michael Armacst）も、この時期、日本政府による在日米軍駐留経費の負担分担を強く主張した人物であった。アマコストは、米国の財政的制約の中で、「日本の海兵隊や陸軍の補給機能の長期的将来」について検討する必要があると考えていた[52]。しかしアマコストによれば、在日米軍基地の規模の問題に関する「日本側の見方について、正確に判断することは、いつも極めて困難」で、「この問題についての日本側の正式な分析を知らない」というのだった[53]。それゆえアマコストは、在日米軍基地削減は、「日本の政治的圧力よりも米国の予算上の決定」によって推進されるのであり、日本政府が米軍基地縮小を懸念しているならば、日本政府に現地の労務費など「在日米軍を維持する経費への貢献を増大させること」を提案したのである[54]。つまりアマコストは、財政的制約上、海兵隊を含め在日米軍のあり方を見直す必要を認識しつつも、日本政府が米軍プレゼンスの現状維持を望んでいる以上、日本政府にその維持費用を負担させるべきだと論じたのである。

1975年4月、サイゴンが陥落し、ベトナム戦争が終結した。ベトナム戦争終結後、米国のアジア関与が縮小されるのではないかと懸念する日本政府は、在日米軍のプレゼンスを維持するよう再度要請する。1975年1月のSCGで白川元春統幕議長は、「日本防衛のためいつでも米国が立上がるという意志の確証を与える部隊」「侵略のある場合初動の作戦に即応しうるような部隊」としての在日米軍を維持するよう要請した。具体的には、陸上面では「海兵隊及び支援航空部隊を含む最小限一ヶ戦略単位の陸上部隊」、海上面では空母などの海上機動部隊など、航空面では戦術航空部隊や偵察部隊などだった。そして白川は、「少なくとも、現在の在日米軍の規模及び機能を削減しないこと」を要請したのである[55]。

このように日本政府にとって、在海兵隊は、米軍が日本防衛のため即応する意思を示す部隊として、在日米軍の不可欠な要素として捉えられていた。その際、重要だったのは、海兵隊が在日米軍の唯一の陸上実戦部隊だったことである。1975年2月の国会答弁で山崎敏夫外務省アメリカ局長は、日本で

「陸軍は実戦部隊としては、ほとんどなくなっておる」中で、「海兵隊が唯一のそういう意味での主戦部隊としてお」り、「日本の防衛に寄与する」と説明している[56]。5月の国会答弁でも山崎アメリカ局長は、約1万8000人の規模を持つ在沖海兵隊について、「われわれは、これは日本の防衛と極東の平和と安全のために最小限度必要な兵力であろうと思います」とも述べている[57]。

こうしてベトナム戦争終結後、日本政府が在沖海兵隊を重視する中、沖縄では海兵隊がさらに増強されていく。この時期、沖縄では、米陸軍部隊が大幅に削減され、その司令部がキャンプ瑞慶覧から牧港補給地区へと移動した。これに代わってキャンプ瑞慶覧には海兵隊基地司令部が移転する。これとともに、それまで陸軍司令官が務めていた在沖米軍の四軍調整官を、海兵隊司令官が務めることになった[58]。

さらに7月には、ウィルソン（Louis H. Wilson）海兵隊総司令官は、岩国から第1海兵航空団司令部を沖縄に移転させることを提案した。ウィルソンによれば、第1海兵航空団司令部を第3海兵水陸両用軍司令部や第3海兵師団が配備された沖縄に置くことで、空・陸の一体運用のための訓練や作戦をより効率的に行うことができる。さらに、岩国の人口過密化が軽減されるという副産物もある。何よりも、第1海兵航空団司令部や第3海兵水陸両用軍司令部、第3海兵師団司令部を沖縄という同一場所に配置することは、海兵隊にとって「長年の願望」だと考えられたのである[59]。

もっとも、このような在海兵隊の増強に対し、米国政府内では懸念が示されている。那覇総領事館は、沖縄の中心に近いキャンプ瑞慶覧に在沖海兵隊の司令部が移転することは沖縄住民の反発を招くのではないかと提起した[60]。駐日大使館も、第1海兵航空団の沖縄移転について、国内世論の不安を引き起こす可能性や、移転先の普天間基地が街の真ん中にあるという危険性を指摘している[61]。さらに1976年10月、駐日大使館は、沖縄からほとんどの陸軍部隊が撤退したことをふまえ、米軍基地の必要性や統合可能性について全体的な検討を行うよう提案した。しかし太平洋軍は、基地縮小は「日本の直接的防衛への米国のコミットメントの欠如として見られる可能性があ」り、沖縄で陸軍が縮小されたが、海兵隊や空軍がそれらの施設を継続的に使用したいと要請していると強調する[62]。こうして米国政府内での批判にもかかわらず、在沖海兵隊の増強は強行された。

こうした中、米国側は、日本側に在沖海兵隊の役割をどのように説明していたのか。1975年6月のSCGで、スノーデン（Lawrence F. Snowden）在日米軍参謀長は、日本側に対し、沖縄と岩国の海兵隊の役割について、「太平洋軍司令部に戦略的予備兵力を提供し、太平洋のいかなる場所の有事に対応するのに使用されるために即時に適合できる兵力を提供できる」と説明している。そして「沖縄は、海兵隊にとって地理的に最善の位置」にあり、「沖縄から後方地域への後退は、現在のような軍事的有効性を提供できない」というのだった[63]。

このように、「戦略的予備兵力」として、太平洋地域のいかなる場所の有事にも即応するとされた海兵隊だったが、当時、念頭に置かれていたのは、ベトナム戦争終結後も不安定だと考えられた朝鮮半島と東南アジアであった[64]。実際、沖縄の海兵隊は、1975年4月のサイゴン陥落直前には、南ベトナムやカンボジアにおいて救出作戦を行う。サイゴン陥落直後の5月に米艦船「マヤグエース号」がカンボジアで拿捕された際にも、在沖海兵隊は、その救出作戦での中核的役割を果たしたのである[65]。

1976年1月のSCGでは、岩国の第1海兵航空団司令部1200人の沖縄への移転計画が、日本側に対して説明されている。ここでガリガン（Walter T. Galligan）在日米軍司令官は、第三海兵水陸両用軍（ⅢMAF）について「わが相互防衛上の義務を支えるための即応性の高い前方展開兵力」であり、「この見事に調和のとれたミリタリー・マシンは、米国のプレゼンスに対する信頼性を高める」と強調した。彼によれば、海兵隊の任務は海軍の作戦を推進し、「水上艦艇とヘリコプターとからなる強襲部隊を使用しての海上から行なう兵力投入」を行うことだが、「海兵隊の柔軟性に対する鍵は、海兵隊の空／地ティームの密接な協同連携の態勢にある」。それゆえガリガンは、第１海兵航空団司令部の沖縄移転によって、「ⅢMAF、第３海兵師団及び第１海兵航空団の司令部を一ヵ所にまとめることは計画及び総合的な訓練を容易にする」と力説したのである。これに対し日本側は、「司令部要員が1200名とはいかにも多いではないか」と難色を示したが、それ以上異論を唱えることはなかった[66]。

さらに在沖海兵隊の任務は、太平洋地域にとどまらず、欧州や中東などグローバルな有事に対応するものとされた。1975年７月のSCGで、ガリガン在日米軍司令官は、在沖海兵隊を含む在日米軍は、日本防衛だけでなく、米国のグローバル戦略の一翼を担っていることを強調する。そして「今度戦争が起こるなら、それは中近東であり、欧州に広がるであろう」との見通しを紹介した上で、これらの有事の際には「在沖縄海兵隊も米軍のassetsとして考えられうる」と指摘した[67]。ウィルソン海兵隊総司令官も、1976年２月の記者会見で、沖縄を含む西太平洋の海兵隊は、「太平洋地域とインド洋地域における米政策支援のための緊急出動に備えたものだ」と説明する一方で、「北大西洋条約機構（NATO）地域に焦点のあわされた世界的規模の通常戦争においては、西太平洋地域の海兵隊も重要な寄与をする」とも述べたのである[68]。

このように日米両政府が在沖海兵隊を重視し、また在沖海兵隊が強化される中、沖縄では海兵隊への反発が強まった。まず、海兵隊による県道104号線越えの実弾射撃訓練への反対運動が盛り上がっていた。1975年４月には、在沖海兵隊員が女子中学生二人を暴行するという事件が起こり、海兵隊への反発が高まった。さらに1976年２月に、第１海兵航空団司令部の沖縄移転が発表されたが、沖縄県議会では第１海兵航空団の国外撤去が全会一致で決議された。しかし、これらの沖縄の声は日米両政府に届かず、海兵隊は着々と沖縄で強化されたのだった。

4　在沖海兵隊をめぐる日米防衛協力の拡大と普天間返還論の浮上

1970年代末、第三世界を舞台に米ソ対立が再燃し、新冷戦の時代が始まる。こうした中、在沖海兵隊は、役割をさらに拡大させていく。そして新冷戦の開始前後から、日米の防衛協力が深化していき、その中に在沖海兵隊も組み込まれていくのである。

ベトナム戦争後、米海兵隊は、任務の見直しを行い、1970年代末、海兵隊の主要な任務は、対ソ戦における水陸両用作戦とともにグローバルな危機への対応と位置づけられた[69]。特にグローバルな危機への対応のため、海兵隊は、「平時のプレゼンス」によって「相手国に明確なシグナルを送り」、紛争を未然に防ぐことや小規模紛争に即応することが重視された。具体的には、海兵隊は、前方展開や同盟国との共同訓練を通して、「米国の国家的意思の物理的証明」を示し、同盟国や友好国の米国に対する信頼性を高め、潜在敵国を「抑止」することができると考えられたのである[70]。

このような中、1977年に在沖海兵隊のローテーション化が進められた。海兵隊内部では、1976年から、戦闘即応性や、隊員が家族と離れる期間を短縮して士気を高めるべく、西太平洋に配備された海兵隊の再編が検討され、その際、部隊を地域内で6ヵ月ごとに巡回させるというローテーション方式の導入が進められた[71]。そして1977年2月、JCSは、海兵隊総司令部に対し、沖縄の第3海兵師団から一個歩兵大隊をカリフォルニアの第1海兵師団へ移転することを指示した。これによって日本の過剰な米軍プレゼンスを削減するとともに、沖縄から引き抜かれた歩兵大隊を、アジア太平洋地域に前方展開される第31水陸両用部隊（31MAU）の地上兵力にあてようとしたのである[72]。

この後、1977年10月から、海兵隊を大隊ごとに沖縄と米本土、ハワイと沖縄の間を6ヵ月のサイクルで移動させるというローテーション方式が開始される。在沖海兵隊のローテーション化は、「高度な即応性を確保するため」に実施され[73]、それによって強化された31MAUは、この地域の限定戦争に即応することを主任務とし、太平洋だけでなく、インド洋へも頻繁に展開されることになっていた[74]。この後、31MAUは、西太平洋や東南アジア地域を移動しながら域内諸国との共同訓練・演習を行っていく[75]。

在日米軍司令部は、このような在沖海兵隊の一部が移動したことについて、全体としての兵力構造に変化はないので、日本政府の認識に悪影響を及ぼさないと予想していた[76]。ところが日本政府は、当時、カーター（Jimmy Carter）政権が進めていた在韓米軍撤退計画とあいまって、在沖海兵隊のローテーション化を不安に感じた[77]。防衛庁首脳は、沖縄の第3海兵師団から一個歩兵大隊約が米国本国へ移転したことに対し、沖縄の海兵隊が縮小され、日本の安全保障に影響を与えると懸念する[78]。1977年年末には、防衛庁は、「沖縄の米海兵隊の撤退は時間の問題」で、「そうなると沖縄の全基地の3分の2は不要になる」と不安を強めた[79]。また防衛庁内では、海兵隊が沖縄から引く場合、事前協議の対象になるのかも議論されている[80]。

注目すべきは、米国政府が、このような日本政府の不安を利用して、在日米軍駐留経費の負担分担を引き出そうとしたことである。1977年11月、マクギファート（David E. McGiffert）国防次官補は、ブラウン（Harold Brown）国防長官に対し、在韓米地上兵力軍撤退や海兵隊基地の再編などのため、日本政府が米国のアジア関与に不安を強めていると指摘した。その上で彼は、米国政府は同盟の信頼性を強化する手段として、西太平洋の海兵隊を強化させることを提案する。彼によれば、海兵隊は、在韓米地上兵力撤退後の米軍の「地域的機動性」や「日本における相対的な規模と可視性」という観点から重要となる。それゆえ「この地域に唯一残る地上兵力である、在日海兵隊の基地構造を改善し、それを支援するよう日本政府に要請する」べきだと主張したのだった。具体的には、陸軍から海兵隊へ移管予定の沖縄の牧港補給施設を維持するため、財政支援を日本政府に求めるよう提案する[81]。

1978年３月、在沖米陸軍は、牧港補給施設の管理責任などを海兵隊に移管し、これに伴って現地の基地従業員を解雇するという整理統合計画を発表した。これに対し日本政府は、金丸信防衛庁長官のイニシアチブの下、米軍基地の施設建設費用に加え、労務費も負担する方針を固めていく[82]。その後、1978年11月、日本側が200億円強の在日米軍駐留経費を負担することが合意された。こうして、日米地位協定24条で、日本政府は米軍に施設を提供するが、提供施設にかかる負担は米軍が担うことになっているにもかかわらず、日本政府が在日米軍駐留経費を負担するという「思いやり予算」が本格的に開始されるのである。

日本政府は、基地従業員の大量解雇が沖縄で社会不安を起こすことを懸念するとともに、この問題を放置すれば「日米安保体制下、唯一の在日米軍戦闘部隊である第３海兵師団の駐留規模の縮小に直結する公算も大きい」と考え、米軍への財政支援に踏み切った[83]。このように在沖海兵隊の再編は、1970年代後半から日本政府による在日米軍駐留経費の負担分担が本格化する上で、重要なきっかけとなったといえよう。

その後、1979年12月のソ連によるアフガニスタン侵攻に対し、カーター政権は、中東地域においてソ連に対抗するという方針を鮮明にする。いわゆる「カーター・ドクトリン」である。こうした中、中東における在沖海兵隊の役割もより明確化されていく。1980年１月、ブラウン国防長官は記者会見で、沖縄の海兵隊がペルシャ湾有事で陸上兵力の中核になると説明した[84]。２月には、バロー（Robert H. Barrow）海兵隊総司令官も、沖縄の第３海兵師団は、西太平洋からインド洋、更に中東、アフリカでの必要な事態に即応すると下院軍事委員会で証言する[85]。

このように在沖海兵隊の役割は、グローバルに拡大していく一方で、太平洋地域でも重要な役割が与えられていく。在沖海兵隊は、太平洋地域において極東ソ連に上陸作戦を行うことになったのである。1980年に発足したレーガン（Ronald D. Reagan）政権が新冷戦の中で対ソ対決姿勢を鮮明する中、米海軍は、1984年、増強されつつあるソ連海軍に対し攻勢に出て打撃を与えることを主眼とした「海洋戦略」を作成する[86]。この「海洋戦略」に資することを目的として1985年には、海兵隊の「水陸両用戦略」が策定される。ここでは、海兵隊は、ソ連とのグローバルな通常戦争では、「戦略的予備」として、重要局面で南千島や樺太といったソ連の側面地域に上陸作戦を実施することになっていた[87]。

このように中東から極東ソ連までをカバーするまで在沖海兵隊の役割が拡大することに対して日本国内では懸念も存在していた。自衛隊の内部では、「もし中東に火がつけば、米軍が中東へスイングする可能性があり、その結果、わが国周辺に軍事的空白が生じ、わが国に対して限定的な侵攻があるかもしれない」と考えられた[88]。こうした中、元自衛隊幹部の間でも、中東で有事が起きれば、在沖海兵隊は中東へ派遣される可能性が高く、そうなればソ連が日本を攻撃しやすくなることが懸念されている。むしろ在沖海兵隊が「北方四島作戦を行うことだって考えられる」ので、「日本にいてくれたほうがいい」という声が挙がったのだった[89]。

在沖海兵隊、ひいては米軍の日本防衛を確実にするために推進されたのが、自衛隊と在沖海兵隊の交流である。1978年11月には、「日米防衛協力の指針（旧ガイドライン）」が策定され[90]、この後、自衛隊と米軍の共同訓練が公式に行われるようになった。旧ガイドライン策定直後の1979年5月、永野茂門陸幕長は記者会見で、「米陸軍は日本に駐留しないので共同訓練はできないが、地上軍である米海兵隊との共同訓練を行うよう、すでに検討中」だとして、陸上自衛隊と在沖海兵隊との合同訓練を行うよう準備していることを明らかにしている[91]。

このように陸上自衛隊では、自分たちの主たるカウンターパートは米陸軍だが、日本には司令部機能以外、ほとんど部隊が存在しない一方、在沖海兵隊は「ブーツ・オン・ザ・グラウンドという意味のプレゼンスを具現している」と考えられていた。そして、いざ有事の際には、沖縄に駐留している海兵隊が「日本有事に沖縄から駆けつけないことなんてことはあり得」ず、日本有事には「いちばん最初にまず海兵隊とともに戦っていて、そこに次第に米陸軍が増援してくる」ことが想定された。こうした観点から、陸上自衛隊と在沖海兵隊の関係強化が必要だとされたのである[92]。こうして1984年10月、陸上自衛隊と在沖海兵隊の合同演習が北海道で行われ、1985年2月にも、北海道で陸上自衛隊と在沖海兵隊の共同訓練が実施されている。

このように1970年代末から1980年代にかけて、在沖海兵隊の役割が拡大すると同時に日米防衛協力が進んでいった。沖縄でも、1978年の県知事選挙で自民党の西銘順治が勝利し、復帰以来7年間続いた革新県政は終止符を打たれた。米軍基地に批判的だった革新県政に対し、日米安保に肯定的な西銘県政は、米軍基地問題をめぐって日本政府や米軍に協力的な姿勢をとる。こうした中、1983年5月の電報で米那覇総領事館は、沖縄の住民も米軍基地の存在を受け入れる傾向にあると分析している。そして沖縄返還以来、日本政府が米軍基地問題について間に入って対応するとともに、莫大な補助金を投下していることで、米軍基地の安定化に協力していることを評価した。そして日本政府と日本国民の協力がある限り、沖縄県民による米軍基地の受け入れ傾向も継続するという見通しを示したのだった[93]。

しかし1985年、金武町での海兵隊員による男性殺害事件など、沖縄で米軍をめぐる事件が続出し、現地住民の間で米軍基地への反発が強まった。4月、沼田貞昭外務省北米局安保課長は、米国側に対し、最近、沖縄で軍事関係の事件が頻発し、現地の雰囲気がこれまでになく厳しくなっていることに懸念を表明した。沼田は、「事件がもっと起これば、米軍を弁護することがますます難しくなる」と苦言を呈している[94]。

このような中、西銘順治沖縄県知事は自らワシントンに訪問し、沖縄の米軍基地問題を直接、米国政府に訴えようとした。保守派で日米安保に肯定的な西銘でさえも、「沖縄の基地が過密で、それゆえいろいろな基地問題が派生している」ことを問題視していたのである。これに対し、那覇防衛施設局は、

「外交ルートを通さないでアメリカに直談判されるということ自体、国の機関としてはなかなか賛成しがたい」「どこまで実りがあるのかと多分に疑問」だと冷やかに見ていた[95]。一方、米那覇総領事館は、西銘の訪米に積極的に協力するべきだとワシントンに訴えている。那覇総領事館は、西銘が訪米によって、対米発言力があることを県民に示し、1986年の県知事選での勝利を確実にすることを目指していることを理解しつつも、彼は米軍にとっての貴重な友人であると論じたのである[96]。

1985年6月に訪米した西銘は、国務省や国防省の高官と次々に面会し、沖縄の基地問題を訴えている。西銘は、日米安保や沖縄の米軍基地の重要性を理解し、朝鮮半島やインドシナ半島で緊張が存在することを認めつつも、国際的に相互依存が深化するとともに、緊張緩和への努力がなされていることを強調した。その上で西銘は特に海兵隊による射撃訓練を問題視し、「沖縄県民の間で反基地感情が高まっており、県民の理解と協力を得ることが困難になりつつある」として、海兵隊の射撃訓練を沖縄県外に移転するよう要請する[97]。

このように西銘が特に強調したのが、在沖海兵隊の問題だった。その中で西銘は、普天間基地の危険性を強調し、その返還をも要請する。まず、西銘はアーミテージ（Richard L. Armitage）国防次官補との会談で、「発展する都市に今や囲まれた普天間で訓練するヘリによる事故」への不安を表明している[98]。さらにケリー（Paul X. Kelley）海兵隊総司令官との会談では、西銘は、キャンプ・シュワブやキャンプ・ハンセンにおける実弾演習中止を要請するとともに、普天間基地の返還を訴えた[99]。シャーマン（William C. Sherman）国務次官補代理に対しても西銘は、都市の発展の阻害となっているので、「普天間飛行場が返還されるよう検討されることが望ましい」と述べている[100]。

こうして、沖縄が保守県政下にあり、住民も米軍基地を受け入れる傾向にあると見られていたまさにその時期に、普天間基地の返還問題が浮上していく。もっとも、在日米軍の情報によれば、この時期、日本政府は、普天間基地の返還は「今取り組むにはあまりにも巨大」だと考えており、見通せる将来に何か行動を起こすとは予想されていなかった[101]。西銘自身も、沖縄県民に対し、自分が基地問題解決を米国側に迫っていることをアピールしていることを示したことは政治的に有益だったと評価しつつも、自分の提案が明確な結果を生み出すとは考えていなかった[102]。こうしてしばらくは、普天間基地の返還問題は日米両政府間の議題の俎上にのらなかったのである。

1988年2月、沖縄を拠点とする第3海兵水陸両用軍は、第3海兵遠征軍と改称された。この間、第3海兵遠征軍の主力で沖縄に駐留する第3海兵師団は、西太平洋およびインド洋において上陸作戦や訓練・演習を実施し、「この地域の安定への米国のコミットメントを高度に目に見えるようにする」役割を果たしていると考えられたのだった[103]。

その一方で、この時期、国際的には、ソ連にゴルバチョフ（Mikhail S. Grbachov）書記長が登場し、冷戦は終結へと向かっていく。そして沖縄でも、基地問題の本格的な解決に向け、保守県政を打倒する動きが開始されていく。その背景として、冷戦終焉に向けた国際情勢の変容に対応できなければ、米軍基地について「沖縄はそのままになるのではないか」という懸念が存在していた。また沖縄には、「復帰の時も復帰後もそうだけれど、沖縄問題に対する日米政府の対応が変わらない」という不満が蓄積していた。このような動きは、革新勢力が擁立した1990年の大田昌秀県政の誕生へとつながっていくのである[104]。

おわりに

ここまで明らかにしてきたように、1970年代から1980年代にかけて、日米両政府は、日米同盟の安定的運営という観点から、在沖海兵隊を維持しようとしてきた。1970年代前半、ベトナム戦争終結に向けて世界中で米軍のプレゼンスの見直しが進められる中、在沖米軍の兵力・基地についても再編が行われ、米国政府内では海兵隊の沖縄からの撤退も真剣に検討された。ところが日本政府、特に外務省や防衛庁は、在沖海兵隊は米軍が日本防衛のために即応するという目に見える証拠であるとして、その維持を望んだ。一方米国政府も、海兵隊の沖縄駐留を、日本政府を安心させるとともに、防衛協力を推進するための同盟外交上の道具として活用したのである。

その結果、ベトナム戦争が終結した1970年代後半以降、在沖海兵隊は、「戦略的予備兵力」と位置づけられ、兵力・基地ともに増強されるとともに、中東から極東ソ連までの地域をカバーするなど、その役割も拡大していく。同時に、在沖海兵隊の再編や役割の拡大を重要な契機として、日本政府による在日米軍駐留費の負担分担や、陸上自衛隊と在沖海兵隊の交流が促進され、日米防衛協力が進展していく。

もっとも海兵隊の沖縄駐留が安定化したかに見えた1980年代半ば、相次ぐ事件をきっかけに沖縄では海兵隊を中心に米軍基地への反発が強まっていく。親米保守の西銘知事も、沖縄における反基地感情の高まりを和らげるべく、普天間基地の返還と海兵隊の射撃訓練の県外移転をワシントンで訴える。さらに冷戦が終結に向かう中、改めて米軍基地のあり方を見直そうという動きが沖縄で強まっていく。1995年の海兵隊員による少女暴行事件への反発の高まりと、これをきっかけとする普天間基地返還問題の政治争点化といった1990年代以降の沖縄基地問題の激化は、すでに1980年代には用意されたものだったといえよう。

このように1970年代から1980年代は、沖縄で海兵隊が強化され、その安定的駐留が図られる一方、在日米軍の集中という矛盾への反発が沖縄で醸成された時期だったといえる。

［付記］

本章は平成26年度科学研究費補助金若手研究B（研究課題番号267801120）

による研究成果の一部である。

【注】

1　本章は、拙稿「沖縄米軍基地の整理縮小をめぐる日米協議1970-1974年」『国際安全保障』第41巻第2号、2013年、及び「ベトナム戦争後の在沖海兵隊再編をめぐる日米関係」『同時代史研究』第8号、2015年を基に、大幅に加筆・修正したものである。
2　Department of Defense, *Active Duty Military Personnel Strength.*
3　中島琢磨『沖縄返還と日米安保体制』有斐閣、2012年；平良好利『戦後沖縄と米軍基地――「受容」と「拒絶」のはざまで』法政大学出版局、2012年；明田川融『沖縄米軍基地の歴史――非武の島、戦の島』みすず書房、2008年；我部政明『沖縄返還とは何だったのか』NHKブックス、2000年；宮里政玄『日米関係と沖縄』岩波書店、2000年；河野康子『沖縄返還をめぐる政治と外交――日米関係史の文脈』東京大学出版会、1994年など。
4　序章 注4を参照。
5　当該期の在沖海兵隊については、わずかに以下の研究があるが、日米それぞれについて踏み込んだ実証的検討がなされている訳ではない。道下徳成「アジアにおける軍事戦略の変遷と米海兵隊の将来」沖縄県知事公室地域安全政策課調査・研究班編『変化する日米同盟と沖縄の役割――アジア時代の到来と沖縄』2012年；51-72頁；西脇文昭「米軍事戦略から見た沖縄」『国際政治』第120号、1999年、120-134頁、波照間陽「日本政府による海兵隊抑止力議論の展開と沖縄」『琉球・沖縄研究』第4号、2013年。
6　Department of Defense, *Active Duty Military Personnel Strength.*
7　CINCPAC, *Command History 1970*, pp. 69, 77-78.
8　Reference Section, Historical Branch, History and Museums Division Headquarters, US Marine Corps, *The 3D Marine Division and its Regiments*, 1983, pp. 5, 9, 23, 29, 33, 37, 40, 44.
9　"Maine Aircraft Group 36 History", http://www.1stmaw.marines.mil/SubordinateUnits/MarineAircraftGroup36/About.aspx.
10　Department of Defense, *Active Duty Military Personnel Strength.*
11　『朝日新聞』1970年1月14日朝刊。
12　『朝日新聞』1970年3月12日夕刊。
13　外務省北米局「在沖縄米軍の戦略上の役割りについて」1967年8月7日、「いわゆる『密約問題に関する調査結果』その他関連文書（以下、関連文書）3-10。
14　外務省北米局「施政権返還に伴う沖縄基地の地位について」1967年8月7日、関連文書3-9。
15　衆議院予算委員会第二分科会、4号、1970年3月17日、国会会議録検索システム。
16　米北一長「大蔵省との会談」1970年11月20日、H26-004、外務省外交史料館。

17　米北一長「沖縄返還問題（木内書記官との電話連絡）」1970年11月16日、H26-004、外務省外交史料館。
18　1970年の在日米軍再編計画については、吉田真吾『日米同盟の制度化——発展と深化の歴史過程』名古屋大学出版会、2012年、162-171頁；我部政明「在日米軍の再編：1970年前後」『政策科学・国際関係論集』第10巻、2008年、1-31頁。
19　『朝日新聞』1970年11月28日朝刊。
20　防衛研究所編『中村悌次オーラル・ヒストリー　下巻』防衛研究所、2006年、68頁。
21　久保卓也「防衛力整備の考え方（KB個人論文）」1971年２月20日、田中明彦データベース。
22　中島『沖縄返還と日米安保体制』、299頁。
23　牛場大使から愛知外務大臣宛て第3450号「オキナワ返かん交渉（内話）」1970年11月25日、H26-0004、外務省外交史料館。
24　"Major DOD Budget Issues", attached to Action Memorandum from Spiers through Johnson to The Secretary, "NSC Meeting, August 13: The Defense Budget", Aug 11, 1971, NSC Misc. Memos, Box 8, RG 59, National Archives, Collage Park, Maryland [NA].
25　『朝日新聞』1972年９月21日朝刊。
26　吉田『日米同盟の制度化』、第四章。
27　我部政明は、これをもって「思いやり予算」は「73年にはすでに始まっていた」と論じる。我部政明『戦後日米関係と安全保障』吉川弘文館、2007年、223頁。
28　National Security Study Memorandum 171, "US Strategy in Asia", Feb 13, 1973, NSCIF, H-196, Nixon Presidential Library, Yorba Linda, California [NPL].
29　Memorandum from Washington to Canberra, "United States Force Deployments in Asia", Oct 9, 1972, 3103/11/161PART41, A1838, National Archives of Australia, Canberra [NAA].
30　Tokyo06186, "Master Facilities Study-Japan", May 18, 1973, SNF 1970-1973, Box 1754, NA.
31　State065955, "Master Facility Study-Japan", April 10, 1973, Subject Numeric Files 1970-1973, Box 1754, NA.
32　Memorandum from Stoddart to Spiers, "Base Consolidation in Japan", Jan 3, 1973, National Security Archive (ed), *Japan and the United States: diplomatic, security, and economic relations 1960-1976*, Bell & Howell Information and Learning, 2000 [*NSA*], JU01685.
33　Memorandum from Washington to Canberra, "United States Forces in Japan and Korea", May 8, 1973, 3103/11/161 PART43, A1838, NAA.
34　Walter S. Poole, *The Joint Chief of Staff and National Policy 1973-1976*, Office of Joint History, Office of the Joint Chief of Staff, 2015, pp. 213.
35　CINCPAC, *Command History 1972*, pp. 58-59; CINCPAC, *Command History 1973*, pp. 76-77.

36 Poole, *The Joint Chief of Staff and National Policy 1973-1976*, p. 214.
37 Memorandum from Washington to Canberra, "United States Deployment Korea, Japan, Micronesia", June 22, 1973, 3103/12/1 PART21, A1838, NAA.
38 参議院決算委員会、1973年6月13日、国会会議録検索システム。
39 衆議院予算委員会第一分科会四号、1974年3月8日、国会会議録検索システム。
40 『琉球新報』1972年11月6日朝刊；『琉球新報』1973年1月1日朝刊。
41 大河原良雄『オーラルヒストリー日米外交』ジャパン・タイムズ、2005年、239-246頁。
42 大河原良雄氏へのインタビュー。2012年11月21日。
43 Information Memorandum from Cargo to the Secretary of State, "US-Japan Planning Talks", June 26, 1973, *NSA*, JU01740
44 Tokyo8445, "Fourth Security Consultative Group Meeting—July 2, 1973", July 5, 1973, The National Security Archive (ed), *Japan and the United States: Diplomatic, Security, and Economic Relations, Part 2 1977-1992*, 2004, Bell & Howell Information and Learning, 2004 [*NSA II*], JA 00060.
45 Letter from Shoesmith to Sneider, Nov 6, 1973, SNF 1970-1973, Box 1790, RG59, NA.
46 National Security Decision Memorandum 230, "US Strategy and Forces for Asia", Aug 9, 1973, NSCIF, Box H-242, NPL.
47 State3222, "US Strategy and Forces in Asia", Aug 24, 1973, ibid.
48 『琉球新報』1973年8月12日朝刊；『沖縄タイムス』1973年8月12日朝刊。
49 1974年1月のSCC合意については、拙稿「沖縄米軍基地の整理縮小をめぐる日米協議」。
50 Poole, *The Joint Chief of Staff and National Policy 1973-1976*, p. 234.
51 CINCPAC, *Command History 1973, Vol. 2*, pp. 574-575; CINCPAC, *Command Histoy 1975*, p. 483.
52 Memorandum from Armacost to Sherman, "NSSM 210—Review of Policy toward Japan", Sep 30, 1974, *NSA II*, JA00089.
53 Memorandum from Armacost to Sherman, "NSSM 210", Oct 16, 1974, *NSA II*, JA00093.
54 Memorandum from Armacost to Lord, "NSSM 210—Review of Policy toward Japan", Nov 6, 1974, National Security Archive, *Japan and the United States: Diplomatic, Security and Economic Relations Part3, 1961-2000*, Proqust Information and Learning, 2012 [*NSA III*], JT00151.
55 外務省アメリカ局安全保障課「第十六回安保運用協議（SCG）議事要旨」1975年1月29日、外務省情報公開2012-00623-4。
56 衆議院沖縄及び北方問題に関する特別委員会第三号、1975年2月27日、国会会議録検索システム。
57 衆議院沖縄及び北方問題に関する特別委員会、第四号、1975年5月22日、国会議事録検索システム。
58 CINCPAC, *Command History 1975*, p. 92.
59 CINNCPAC, *Command History 1975*, pp. 92-94.
60 Naha00259, "Marine Move into Army HQ Facility in Okinawa", May 26, 1975,

Access to Archival Database [AAD], NA.
61 Tokyo10415, "Proposed Move of HQs Elements of 1st MAW to Okinawa", July 30, 1975, AAD, NA.
62 CINCPAC, *Command History, 1976*, pp. 52, 54-55.
63 Tokyo08731, "Seventh SCG Meeting", July 01, 1975, *NSA*, JU01936.
64 『朝日新聞』1975年7月29日朝刊；『毎日新聞』1975年6月29日朝刊。
65 *The 3D Marine Division and its Regiments*, p. 6.
66 外務省アメリカ局安全保障課「第22回安保運用協議会（SCG）議事要旨」1976年1月28日、外務省情報公開2012-00623-11。
67 外務省アメリカ局安全保障課「第18回安保運用協議会（SCG）議事要旨」1975年7月30日、外務省情報公開2012-00623。
68 『朝日新聞』1976年2月13日朝刊。
69 Allan R. Millet, *Semper Fidelis: The History of the United State Marine Corps, the Revised and Expanded Edition*, The Free Press, 1991, p. 616-617.
70 "Sea Plan 2000", in John B. Hattendorf, ed, *US Naval Strategy in the 1970s: Selected Documents*, Naval War College Newports Papers, No. 30. "The Amphibious Warfare Strategy, 1985", in *Ibid*, No. 33.
71 "Rotation system studied", *Marine Corps Gazette*, March 1976, p. 2.
72 CINCPAC, *Command History 1977*, p. 39.
73 Talking Points, "Your Meeting with Japanese Defense Minister and JDA Officials", Nov 9, 1978, *NSA II*, JA00459.
74 Briefing Book, "Eleventh US-Japan Security Subcommittee", Aug 2, 1979, *NSA III*, JT00296.
75 31st Marine Expeditionary Unite, "Our History", http://www.31stmeu.marines.mil/About/History.aspx.
76 CINCPAC, *Command History 1977*, p. 40.
77 カーター政権の在韓米軍撤退政策については、村田晃嗣『大統領の挫折——カーター政権の在韓米軍撤退政策』有斐閣、1997年。
78 『読売新聞』1977年11月18日朝刊。
79 『日本経済新聞』1978年1月18日朝刊。
80 防衛研究所編『オーラル・ヒストリー冷戦期の防衛力整備と同盟政策③』防衛研究所、2014年、82、108頁。
81 Memorandum for the Secretary of Defense, "Improving the Force Structure in West Pac-Action Memorandum", 1977, *NSA II*, JA00144; CINCPAC, *Command History 1977*, p. 156. 前者の文書では、この行動は正確に実行された、とメモ書きがなされている。
82 拙稿「『思いやり予算』と日米関係——在沖米軍の再編と日本政府の対応を中心に」『沖縄法学』第43巻、2014年。
83 『読売新聞』1978年6月11日朝刊。

84 『朝日新聞』1980年1月29日朝刊。
85 『朝日新聞』1980年2月1日朝刊。
86 John B. Hattendorf, "The Evolution of the US Navy's Maritime Strategy, 1977-1986", Naval War College Newport Papers No. 19, p. 14-19.
87 "The Amphibious Warfare Strategy, 1985".
88 防衛研究所編『西元徹也オーラル・ヒストリー　上巻』防衛研究所、2010年、183、185頁。
89 大賀良平・竹田三郎・永野成門『日米共同作戦――日米対ソ連の戦い』麹町書房、1982年、112頁。
90 「日米防衛協力の指針」の作成過程については、吉田『日米同盟の制度化』、第5章；武田悠『「経済大国」日本の対米協調――安保・経済・原子力をめぐる試行錯誤、1975-1981年』ミネルヴァ書房、2015年、第一部；佐道明広『戦後日本の防衛と政治』吉川弘文館、2003年、第三章第二節など。
91 『朝日新聞』1979年6月1日朝刊。
92 防衛研究所編『西元徹也オーラル・ヒストリー　下巻』防衛研究所、2010年、28頁。
93 Naha300, "Okinawa: Then and Now", May 26, 1983, *NSA II*, JA0115.
94 Memorandum of Conversation, "Military Accidents on Okinawa", April 15, 1985, *NSA III*, JT0514.
95 琉球新報社編『戦後政治を生きて――西銘順治日記』琉球新報社、1998年、432-433頁。
96 Naha210, "Okinawa Governor Plans US Visit", May 04, 1984, *NSA III*, JT0483.
97 Naha0336, "Okinawa Governor's US Visit", May 17, 1985, *NSA III*, JT0527.
98 Memorandum from Armitage, "Okinawa Governor Nishime's Call on SECDEF and Meeting with ASD Armitage", June 05, 1985, *NSA III*, JT0530.
99 琉球新報社編前掲書、435頁。
100 State180881, "Deputy Assistant Secretary Sherman's Meeting with Okinawa Governor Nishime", June 14, 1985, *NSA III*, JT0533.
101 Yokota to Honolulu, "Kato/Nishime Visits", July 02, 1985, *NSA III*, JT0540.
102 Tokyo13824, "Okinawa Governor Nishime Evaluates US Trip", July 08, 1985, *NSA III*, JT0542.
103 *The 3D Marine Division and its Regiments*, p. 6.
104 COEオーラル政策研究プロジェクト『吉元政矩オーラルヒストリー』政策研究大学院大学、2005年、35頁。

第4章

ポスト冷戦と在沖海兵隊

屋良朝博

はじめに

本章は冷戦終結後の1990年代、東西対立が解消され一変した国際情勢の中で米海軍・海兵隊が海洋戦略をどのように見直し、そして組織的にどう適応していったかを概説する。

海軍は大洋でソビエト海軍とにらみ合う準戦時体制を解除した。その結果、平時における新たな任務、役割を模索したのがポスト冷戦の90年代だった。大海原を駆ける大船団は無用となり、海軍は海兵隊と手を携えて沿岸部へと任務地を移していった。敵は「非対称」へと変化し、大規模紛争への対応から低強度紛争へと標的をシフトさせた。そして人道支援や災害救援活動、麻薬撲滅キャンペーン、テロ対策など冷戦期は軍事の領域にはなかった仕事を取り入れて存在意義を主張した。これらは冷戦後の国防費削減に備えた戦略構想でもあった。

この発想の転換は沖縄海兵隊の運用を大きく変えた。米軍全体のリストラに合わせて、在沖海兵隊も部隊を再編し、兵員を大幅にカットしている。90年代の戦略変化は海兵隊をグアムやオーストラリアへ分散配置する「リバランス」へもつながっている。

本章は第1節で冷戦後に起きた在沖海兵隊の変化と訓練形態の変化をみ

る。第2節はその変化の論理的な裏づけとなる戦略の変遷を紹介する。そして第3節では90年代に大きなうねりを起こした在沖海兵隊の沖縄駐留をめぐるさまざまな議論を概観する。それは2000年代初頭に海兵隊が沖縄からグアムや豪州などへ分散配置する軍事的根拠を思考する土台を提供してくれる。

1　ポスト冷戦の31MEU

(1) 低強度紛争へ

在沖海兵隊に起きた冷戦後の変化を理解するためには海兵隊の編成を知る必要がある。海兵隊は派遣される戦闘の種類と規模によって3段階で部隊構成を変えることができる。海兵隊には地上戦闘部隊、航空部隊、後方支援部隊があり、ミッションに応じて司令官は部隊構成を変えることができる。たとえば海浜から地上へ攻め上げていく通常の強襲揚陸であれば上陸部隊や輸送機などを軸にし、人道支援や災害救援などであれば物資補給を担う後方支援部隊を軸に派遣部隊を編成する。

最大編成の海兵遠征軍（MEF　約4万5000人）から中間規模の海兵遠征旅団（MEB　1万5000人）、最も小振りでコンパクトな海兵遠征隊（MEU　2200人）が編成される。MEFは国家間の大規模な紛争に投入され、通常はカリフォルニアとノースカロライナの海兵隊基地から計2個MEF（約9万人）が動員される。民族紛争や宗教紛争といった地域的な小規模紛争や対テロ戦などには通常MEBが投入される。最小単位のMEUは紛争地に取り残された米国民を救出したり、災害救援、人道支援を担ったりする。

冷戦後、在沖海兵隊はMEUを主体としたシフトに切り替えた。この変化は沖縄の基地で実施されている定期訓練「バリアントアッシャー」に現れた。

1991年6月、沖縄本島北部、宜野座村にある中部訓練場内の都市型ゲリラ戦闘訓練センターで民間人救出の訓練が実施された。訓練のシナリオはこうだった[1]。

架空の国「イイラム」。紛争状態に陥り、数名のアメリカ人が大使館に助けを求めて逃げ込んだ。身動きが取れず、救助を待っている。カリフォルニア州キャンプ・ペンドルトンから第11海兵遠征隊（11MEU）に民間人救出作戦（Noncombatant Evacuation Operation）の実行命令が下った。

都市型ゲリラ訓練センターにはブロック造りの民家、教会など建造物が立ち並び、外国の市街地を模した街並みを再現している。対テロ戦などを想定し海兵隊員が建物に潜む敵を掃討する訓練が実施されている。

「イイラム国」の米大使館周辺には殺気立った民衆が集まっている。逃げ込んだ米市民の中にはお腹の大きな妊婦らも混じっている。そんなリアルなシチュエーションが設定されていた。

カリフォルニア州ペンドルトン基地を出て強襲揚陸艦隊とともに航行した11MEUが「イイラム」の沖合に停泊、上陸作戦の準備を進めていた。午後11時、夜の海に浮かぶ揚陸艦の甲板からCH53大型輸送ヘリが監視偵察諜報（SRI）チームを乗せて飛び立った。沿岸近くまで飛ぶと海面すれすれにホバリングしたヘリから隊員が次々と海へ飛び込みんだ。ゾディアックと呼ばれる黒いボムボートが落とされた。ボートは岸辺へ向け波を切った。

紛争に巻き込まれた市街地は電気も少なく暗闇に包まれていた。砂浜から上陸した諜報チームは街中に潜む武装集団の配置状況など現地の情報を収集し、艦船の司令部に伝えた。翌早朝、ホバークラフト型揚陸艇LCAC、水陸両用車LAVが一斉に上陸作戦を展開し、米国人168人が避難する大使館へと猛進した。市街には紛争によって興奮状態の住民らが路上に出ている。武装集団と銃撃戦になれば、一般住民に犠牲者が出る可能性もある。そんな紛争地から米国民を救出せよ——。

「バリアント・アッシャー」のコードネームで実施される訓練は定期的に沖縄で行われてきた。米韓合同演習の予行演習という位置づけでかつては隊員3000人が参加する大規模な訓練だった[2]。しかし90年代に入ると既述の通り、訓練は人質奪還作戦を想定した都市型戦闘にシフトし、訓練要員も約400人規模にスケールダウンした。

訓練を実施した11MEUはキャンプ・ペンドルトンを拠点としインド洋、中東地域、アフリカ東海岸へ展開している部隊で、遠征地に向かう途中に沖縄へ立ち寄った。その後、所定の遠征任務（通常6ヵ月）を終え、同基地所属の15MEUに遠征任務を引き継いだ。15MEUも遠征途中に同様な訓練を沖縄で計画していたが、台風接近で見送られた。そのままインド洋を横切り、ソマリア紛争で上陸作戦を実施している[3]。

海兵隊はカリフォルニアと東海岸のノースカロライナに基地を置き、世界各地へ MEUを展開している。それぞれ3個のMEUを配置し、ローテーション方式で世界の海をカバーしている。冷戦後も引き続き海軍の主要任務とされるプレゼンスを示す活動だ。さらに21世紀に向けた戦略で米軍が重視する非伝統的な分野（人道支援や災害救援、麻薬対策など）は主にMEUが担うことになる。

沖縄では第31海兵遠征隊（31MEU）が1992年9月に編成された。同部隊の輸送を担う強襲揚陸艦隊が同年、長崎県佐世保の米海軍港に配置された。

前章でも指摘されたように、「予備役」的な役割だった沖縄の海兵隊は従来、独自の移動手段を持っていなかった。米本国から艦船か大型輸送機が到着するのを待たなければ出撃できなかった。湾岸戦争時に沖縄の海兵隊は空軍嘉手納飛行場から米民航機をチャーターしてサウジアラビアへ向かった。

米軍は通常、戦時には戦闘地の近くに前線基地を構え、数ヵ月をかけて大型輸送機が大部隊をピストン輸送して攻撃体制を整える。湾岸戦争で米軍は計約50万人を動員した。このうち海兵隊は約9万3000人を派遣している。主にはカリフォルニアとノースカロライナの基地から海兵遠征軍（MEF）をそれぞれ派遣した。

沖縄にも第3海兵遠征軍（3MEF）の司令部があるが、中身の部隊はハワイ配備の海兵隊も併せて計2万5000人の兵力だ[4]。本国の1MEF（カリフォルニア）と2MEF（ノースカロライナ）の兵力（各約4万5000人）に比べると見劣りする。その上、繰り返しになるが沖縄には部隊を運ぶ輸送機、輸送船が常駐しておらず、紛争時には二の矢の補強要員とみなされていた。

90年代に入って長崎に揚陸船団、沖縄に31MEUが配備されたことで在沖海兵隊にようやく実質的な即応展開力が備わったといえる。隊員は本国から6ヶ月のローテーションで派遣される部隊であり、沖縄に常時駐留しているのではない。沖縄で所定の訓練をこなした後はグアムやオーストラリア、フィリピン、タイ、韓国などをほぼ年中巡回しながら同盟国軍と共同訓練などを実施している。

対ソ冷戦後の戦略は、グローバルな封じ込めからリージョナルな前方展開プレゼンスへと移行した。その変化は在沖海兵隊の編成にも具体的に現れた。その一つがMEUの配備だったといえる。

（2）沖縄海兵隊のリストラ

31MEUの沖縄配備が何を意味するのかを見ていこう。31MEUと強襲揚陸艦隊の日本配備によって機動力を増した在沖海兵隊は冷戦後も増強されたかのような印象を持たれたが、在沖海兵隊も米国防費の削減に伴い大幅な兵力削減と組織再編が断行されている。

海兵隊は陸海空軍と比べると小さな組織のため、兵力定数や予算削減がもたらす影響は相対的に大きくなる。しかも他軍と比べると、高価な戦闘機や艦船を持っているのではなく、人員削減は海兵隊にとって組織の弱体化に直結しかねない。

総兵力約18万人の海兵隊に対してジョージ・H・W・ブッシュ大統領は1997年まで毎年6000人減らし、15万9000人にまで縮小する目標を設定した[5]。これは戦後最少の兵力規模にまで縮小されることを意味した。

カール・マンディ海兵隊総司令官は削減により従来に増して海外遠征の時間が増え、隊員が疲弊することを危惧していた[6]。総数が19万2000人になると、隊員が所属基地を離れて海外展開する遠征率は43%になるが、ブッシュ政権の計画通り15万9000人に減ると遠征率は54%にまで上がる。勤務時間の半分超が海外勤務となってしまう。海軍の艦船で洋上任務に就いたり、沖縄のような海外基地や他施設に配備されたりする頻度が高くなり、労働条件の悪化が懸念された。それは隊員の士気にも直結するため、指揮官にとっては無視できない問題になっていく。

削減計画が実施されると、これまで世界の海で米国のプレゼンスを示してきた海兵隊の遠征は半年に短縮しなければ隊員を回せないレベルになる、とマンディ司令官は見ていた[7]。海兵隊の海外基地は沖縄のみであり、沖縄派遣のローテーションの見直しが必要になっていた。

在沖海兵隊は定数削減の初期段階で3400人を削り、兵力は1992年までに18,100人になっていた[8]。偵察大隊を解体し、装甲車大隊、軽装甲歩兵大隊をいずれも中隊規模に縮小、新たに戦闘支援群として組織統合した。支援群は水陸両用車で上陸作戦などを行う。全体の部隊規模を縮小しながら、偵察機能を有したコンパクトな上陸部隊の編成だった。

そして在沖海兵隊の任務に大きな変化が生じたことの裏づけとなったのが戦車部隊の削減、撤退だった。湾岸戦争へ出撃した戦車部隊（二個中隊）は湾岸戦後、沖縄へ帰還することなく本国へ移転した。戦車を抜き取られると戦闘力は大きく削られる。

対テロ戦など地域紛争といった小規模紛争に対処する部隊は兵員約1万5000人で編成される海兵旅団（MEB）の遠征規模が必要となる。MEBには標準装備として戦車1個中隊が組み込まれており、最低で4両、最大32両が配備される[9]。イラク戦争後の在沖海兵隊は戦車部隊を欠いてからは紛争に対処できる編成（MEF, MEB）ができなくなった。その代わりに小振りで小回りの効くMEUが新たに編成されたことは、在沖海兵隊の任務の変容を見る上で注目される。海兵隊は編成規模によって対処できる任務が明確に規定されており、MEUが対処できるのは非戦闘員救出作戦、人質奪還、人道支援・

図表4-1　海兵遠征隊MEUの任務

非戦闘員救出作戦	人道支援活動	シビックアクション
情報収集	人質奪還	海上阻止活動
油田掘削施設の確保、破壊	空港確保	限定攻撃
撹乱作戦	警備活動	電子戦闘
海浜強襲	都市部の作戦	スパイ対策活動

出典：Proceedings 1994年8月号p. 38より筆者和訳

災害救援といった事態対応に限定されている（図表4-1）。

在沖海兵隊の兵力縮小、組織再編の背景としては海軍・海兵隊の新戦略が活動領域を沿岸部へ移動し、小規模でも戦力投射をする態勢強化を図ったことが挙げられる。その基幹兵力と位置づけたのがMEUだった。海軍艦船でMEUを運び、全世界で米軍プレゼンスを示す海軍戦略の新たな態勢が構築された。カリフォルニア州のキャンプ・ペンドルトンにMEUが3個、ノースカロライナ州のキャンプ・レジューンに同じく3個あり、沖縄に追加配備されたことで海兵隊は合計7個のMEUを保有している。

米本国のMEUは6ヵ月ごとのローテーションで遠征任務に就き、カリフォルニアの部隊はインド洋から中東、アフリカ東海岸までをカバーし、ノースカロライナの部隊は大西洋、地中海、アフリカ北西部までを管轄している。沖縄のMEUは西大西洋全域を巡回している（図表4-2）。

こうした新編成に対して隊員から異論が吹き出した。国防費と兵力の削減という組織への強風が吹きすさむ最中に追加的な部隊を沖縄に配備する合理的理由があるのだろうか、という疑問だ。これらは軍機関誌への投稿で述べられた隊員の意見であり、政策決定に直結するものではないにせよ、沖縄でのMEU配備に対する内部の見方を知る上で興味深い。

兵力削減というリストラの真っ只中で海外基地である沖縄への新部隊発足が要員配置に無理をきたさないかが懸念された。海兵隊機関誌マリンコーガゼットへの寄稿論文で31MEU沖縄配備の問題を指摘したラッセル・マギー大尉は「沖縄での新たなMEU発足は海兵隊の現状を示唆している。海兵隊

図表 4−2　MEU 展開図

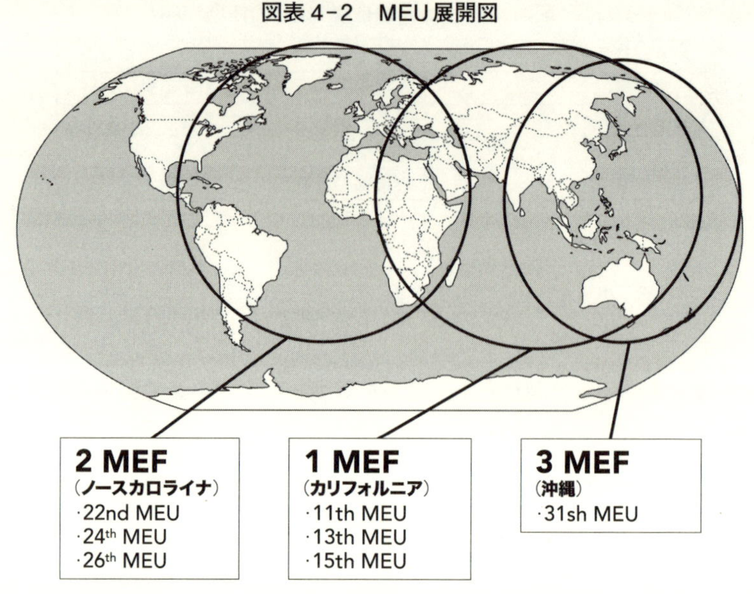

出典：Introduction to the United State Marine Corps, Head Quarter Marine Corps.

は『とにかくなんでもやります』的な態度を示すことで組織存続を図る。もはや組織は疲弊し、これ以上耐えられないとわかっているにもかかわらずだ」と問題提起した[10]。

さらに沖縄の海兵隊基地についても使い勝手の悪さを指摘する。地上戦闘部隊と航空部隊、後方支援部隊の基地施設が分散していて一体運用に向いていないことや地元住民と基地が近接しているため訓練などにさまざまな制約が課せられている。確かに沖縄の海兵隊基地は物資を搬出入する那覇軍港と集積基地（牧港補給基地）が離れており、普天間飛行場の航空部隊と連携して運用する地上戦闘兵力の基地（名護市や宜野座村、金武町など）とは距離がある。在沖海兵隊基地の約 4 倍の広さを持つ米本国の海兵隊基地は一つの施設にすべての機能が集約されている[11]。

マギー大尉は、沖縄の訓練場は狭くて制約が多く、MEU の最も大事な任務である人質奪還の訓練さえ十分に行えないと指摘する。さらにMEUが出撃するための艦船は長崎県佐世保の強襲揚陸艦4隻のみだ。予備がないため、船が修繕でドッグ入りした場合に沖縄のMEUは遠征任務が行えない状態になってしまうことを同大尉は危惧した。

マギー大尉は論文をこう結んでいる。

「第3海兵遠征軍そのものを米本国へ撤退させ、そこからMEUをアジア太平洋地域へ展開させることをそろそろ検討すべきだ。そう思わざるを得ないほど、海兵隊の要員問題はゼロサムに陥った。議会が我々の存在を無用とするという恐怖に駆られた対応はいつまでも続かない[12]」。

このような撤退論は別の機関紙にも掲載された。マリンコーガゼットにマギー大尉が寄稿した翌月の海軍機関誌プロシーディングスにも沖縄へのMEU配備に反対する寄稿文が掲載された[13]。海兵隊のコーンズ大尉とコア大尉は共著論文「真の即応軍」で、「沖縄から去るべきだ」と明言している。

「装備が充実し、しっかり訓練され士気も高い敵と向き合った時、2000人足らずのMEUで十分なのだろうか」。両大尉はMEUの兵力不足だけではなく、艦船が長崎県佐世保、兵力は沖縄という分離配置の問題を指摘する。同論文によると、佐世保から艦船が出航しMEUが沖縄で出撃体制を整えるまでに最低でも3日を要する。「沖縄の戦略的優位性がなにより重要だが、現在の部隊配置でもそれは有効なのだろうか」と疑問を投げかける。

両大尉は沖縄撤退論を展開している。

「沖縄に我々を引き留めるのは1945年に苦戦の末に島を勝ち取ったというセンチメンタリズムだ。韓国防衛、日本防衛は陸軍が適している。海兵隊は遠征任務に徹するべきだ。（中略）組織の3分の1を沖縄に配置する予算、人員の余裕はない。沖縄から部隊を引き揚げ本国のMEBを充実させるすべきだ」。

海兵隊はMEUを世界展開させ米軍のリージョナルプレゼンスを維持していることは既述の通りだ。大西洋やインド洋、地中海を米本国配備のMEU

がエリアカバーしている現状を見れば、アジア太平洋地域についても同様に米本国からローテーションで派遣すれば運用上特に問題はない。コーンズ大尉とコア大尉はそう主張した。これは米国防総省などによって70年代にも検討され、日本政府によってお蔵入りとなった在沖海兵隊のカリフォルニア撤退案と重なる（前章参照）。

かねてから沖縄の海兵隊は戦略上その必要性に疑問符がつきまとう。たとえば対中国で海兵隊が上陸作戦を仕掛ける場面を想像することは困難であり、対北朝鮮は一義的に韓国軍と在韓米軍が対処することになっている[14]。沖縄の海兵隊が機動力を手にしたとはいえ、その構成要員と任務が人質奪還や人道支援といったMEUレベルに限定される。こうした客観的な事実を並べてみれば、海兵隊が沖縄に基地を配備する必要性に疑問が生じる。そもそも日米両政府から在沖海兵隊の存在意義を説明する決定的な根拠が示されていないというあいまいさの中で、沖縄の海兵隊基地は存続し続けている。

そして米海軍・海兵隊のポスト冷静の新戦略に基づき沖縄の海兵隊も新部隊が配備された。小振りで小回りの効く海兵遠征隊（MEU）を前方展開兵力の基軸とし、低強度紛争や対テロ、民間人救出、人道支援、災害救援といった分野に活動範囲を広げていった。次項でその戦略コンセプトを概観する。

2　沿岸を目指す　海軍・海兵隊戦略

(1) ベースフォース

冷戦期にはソ連海軍と海の覇を競った。空母艦隊を大海原に浮かべ、潜水艦を要所に配し、対潜哨戒活動を怠らない体制を維持してきた。突如として眼前から唯一の敵が消え、米海軍はひとり海原に漂うことになる。

1990年8月1日、ジョージ・ブッシュ大統領はコロラド州アスピンのアスピンインスティテュートシンポジウムでスピーチし、ポスト冷戦の国防政策「ベースフォース」を明らかにした。それには大幅な軍縮が盛り込まれており、５年後の1995年までに米軍兵力を25％カットする思い切ったリストラを表明した。「私たちは新しい時代に入った。平和を維持する軍事構成も変わるべきだ」と語り、地域紛争や平時におけるプレゼンスの維持には現状より少ない兵力で対処できるとの認識を示した。

その内容は新たなベース（基準）となるフォース（兵力）をアウトラインしたもので、今後維持すべき兵力の最低限の兵力を示している。海軍については艦船526隻を318隻に削減、兵力を57万人から37万人に縮小するという大ナタが振るわれた。

海軍の下部組織である海兵隊はさらにショッキングな内容だった。当時の兵力約17万人を15万9000人に削減する方針が示された。削減幅は沖縄配備の海兵隊すべてを削減することに匹敵する大リストラだった。

海軍・海兵隊は組織の大幅な再編と同時に戦略を根本的に見直す必要に迫られた。冷戦中の戦略で大海を主な活動エリアと規定した「Maritime Strategy」（1986年）から、「...From the Sea」（1992年）、「Forward...from the Sea」（1994年）によって海軍・海兵隊を完全に統合運用し沿岸部で国際的な脅威に対応する戦略へとシフトしていった[15]。

（2）The Way A Head

90年代、海軍、海兵隊が最初に打ち出した戦略ドクトリンが「ザ・ウェイ・アヘッド」（The Way A Head）だ。1991年４月、海軍と海兵隊のトップリーダーが連名で機関誌に寄稿した[16]。ポスト冷戦の新戦略を示した論文がまとまったのはベルリンの壁が崩壊して１年半後、湾岸戦争の終結直後だった。

湾岸戦争時の「砂の盾」「砂の嵐」作戦を踏まえて検討されたこの論文の注目点は、海軍・海兵隊の活動領域をブルーウォーター（水深が深い青い海）からブラウンウォーター（沿岸海域）へシフトする方向性が明示されたことだった。

論文の序文には「私たちの前途（the way ahead）には変化と不確実性が横

たわっている。その変化をしっかり受け止め、最善を尽くす」と記された。米ソ両大国が対峙する緊張は解けたものの、国際社会は多様化し不確実性が増したという認識が広がった。ザ・ウェイ・アヘッドに列挙した任務には、人道支援活動やネーションビルディング（紛争後の復興支援）、平和維持活動、麻薬取り引きなど国際犯罪防止、テロや地域紛争への対応などが含まれた。大洋における米国のプレゼンスを示す、という伝統的な任務も維持するのだが、それはより少数の艦船で対応できると分析している。

人道支援や麻薬対策といった活動は従来軍事の領域ではなかった。海軍・海兵隊も「非伝統的安保」を重視する方針が明示された。こうした活動は地上戦闘兵力である海兵隊の役割が広がることを意味する。空母艦隊を主軸とした大洋型の戦略ではなく、空母に海兵隊を乗せて強襲揚陸活動を展開するポスト冷戦の新たな"空母活用法"が練られている。

ザ・ウェイ・アヘッドは冷戦後の変化として、①アクセス拒否により地上基地を使用することが困難になる②大規模紛争が起きる可能性が遠のいた③活動領域は沿岸部へとシフトした――などを挙げている。

アクセス拒否とは同盟国による米軍依存の希薄化とそれに基づく基地の使用拒否の問題を指している。脱冷戦の一つの傾向として、同盟国や友好国のアメリカ離れが拡大することを懸念していた。東西対決という緊迫した情勢において同盟国や友好国は米軍の核の傘をはじめとする圧倒的な軍事力に自国の安全保障を委ねた。しかしソ連が消え、イラクのサダムフセイン政権が崩壊した現状では、同盟国の米国依存が低下していくことは避けられない、と米側は見通していた。

こうした情勢を受けて海軍は米軍プレゼンスを維持し続けるために艦船をフローティングベース（浮体基地）として活用する発想が新時代に不可欠だと主張した。

もう一つの懸念材料として挙げたのは、大量破壊兵器の拡散だった。冷戦構造の解消に伴う悪影響の一つとして大量破壊兵器が政府軍と対立する地域勢力や統治力に乏しい新興国などに兵器が流出する問題だった。

こうした状況に対処するために必要な装備や体制を算定することは難しい。少なくとも冷戦時よりも少ない軍事力で米国のプレゼンスと前方展開を維持し続け、新たな任務に対応する必要がある。その一つの方策として、ザ・ウェイ・アヘッドが特筆したのは柔軟な部隊運用が可能な海兵隊とのコラボレーションだった。「90年代は空母艦隊と海兵隊の融合を模索していくことになる」と記述している。

その具体的なイメージは示されていないものの、後に登場してくる「シーベーシング」につながっていく。

（3）“...From the Sea”　フロームザシー

「新たな戦略は大洋での戦いから、統合兵力を海から沿岸部へ投射する方向へ変わる」。戦略重点を海から沿岸へ以降するという情勢判断に基づき書かれたのが次の戦略ドクトリン「フロームザシー」だった。

これは前出の「ザ・ウェイ・アヘッド」の改訂版で、1992年に発表された。この海軍ドクトリンは、沿岸部で活動する海兵隊の戦術思考がより色濃く反映された。海兵隊の遠征機能、強襲揚陸作戦を海軍がサポートする方向性が示された。

フロームザシーは新戦略の必要性をこう強調する。「海兵隊が沿岸部をいつでも攻め上がる体勢を維持することは米国の影響力を高め、外交の道具として使える。米国が関心を寄せる地域の近海に海軍・海兵隊の統合部隊を浮かべるだけで、明確なシグナルを送ることができる」。

海兵隊が沿岸を攻め上がるとき、海軍の空母に乗艦する航空部隊が海兵隊を空から航空支援する。空母を強襲揚陸の出撃拠点として活用するシーベースの概念が練り上げられた。空母の甲板を出撃基地として活用し、沿岸部に強襲をかけていく発想だ。この戦術が決定的なパワープロジェクション（戦力投射）を形成していく、と断言している。敵国を射程に収めておいて、必要とあれば何日でも居座ることができる。洋上に浮かべる基地では他国の干渉をうけない政治的に自由な攻撃拠点を手に入れることが可能となる。

空母などを活用した洋上基地のコンセプトは2000年初頭に「シーベーシング」という陸海空軍の統合戦略に格上げされていく。

パワープロジェクション（戦力投射）として海軍は、トマホークといった巡航ミサイルによる攻撃力は引き続き必要性の高い戦力とする一方、対潜水艦戦といった冷戦時代の戦力の必要性は薄れたとの認識が示された。大洋型の海軍シフトを沿岸型に切り替える作業として、沿岸部における海軍と海兵隊のジョイント運用、シーリフト（物資の海運）整備、情報収集＝インテリジェンスを諸外国へ拡大、PKO活動など非伝統的安全保障への支援体制を整備していくことを打ち出した。

(4) "Forward...from the Sea" フォワード……フロームザシー

活動の場を沿岸部へぐっと引き寄せた「フロームザシー」を著した2年後の1994年11月に海軍は改訂版「フォーワード……フロームザシー」を発表した。基本的な中身はほぼ同じだが、新ドクトリンが違ったのは冷戦期の伝統的な任務を追記したことだった。

フロームザシーは沿岸地域における海兵隊に任務を幅広に定義した斬新なアイディアだった。その方向性は維持しつつも「フォーワード」という言葉を挟むことで、漸進するイメージを持たせたかったようだ。海軍は「新たな戦略環境が沿岸地域へ移ったとの認識は海軍の予算配分にも表現されている。ただ移行するためには慎重に進めなければ海軍が担っている任務や機能に混乱をきたしてしまう」と釈明している[17]。

フォーワード……フロームザシーの結論には5つの任務を列記している。海から陸地へ向けた戦力投射、制海権を確保する海軍力の優位を維持する、戦略的な抑止や海上輸送、海軍プレゼンスの維持など——。「冷戦はおそらく去った。しかし米国のリーダーシップと軍事力はなお必要とされている」と記している。

この動きの背景には海軍のプライドがあったと見られている[18]。フロームザシーに続き、フォーワード……が出たとき、陸軍と空軍からは、「海軍は仕事が減ったため、海兵隊とともに我々が動けるような前準備をしてくれるだけになる」と揶揄する声も聞こえていた。そんな外野の中傷に揺れる海軍を横目に、海兵隊は海軍が再び「ブルーワーター（青い海）」へ帰っていくのではないか、と懸念した[19]。

冷戦終結後も引き続き前方展開兵力を維持する必要性を強調し、従来より多様な「インターオペラビリティー」を同盟国、友好国間で構築していく考えを示している。ヨーロッパでは北大西洋条約機構（NATO）にとどまらず、旧東側陣営諸国とのパートナーシップを拡大していく方向性を盛り込んだ。太平洋地域においては従来通りフィリピンやバングラディシュなどへの人道支援、災害救援活動といった協力を継続していくとした。

各種水上艦を整えた空母船団、特殊作戦任務が可能な海兵遠征隊を伴う強襲揚陸艦隊によって海洋の前方展開プレゼンスの体勢維持が挙げられた。通常兵力による抑止力として、弾道ミサイルを搭載した駆逐艦や巡洋艦が今後も重要な役割を担っていくことになるとしている。これらを維持することで他諸国へ弾道ミサイルなど兵器の拡散を予防することができると分析している。

(5)「エニィタイム、エニィウェア」 21世紀のための海軍

ポスト冷戦の役割を模索した海軍・海兵隊が行き着いた戦略コンセプトが1997年に発表した「Anytime Anywhere」だった[20]。ポスト冷戦の戦略をめぐり試行錯誤した海軍戦略の総集編といえる。文字通り、いつでも、どこへでも海から沿岸部に向けて米海軍の影響力を直接的かつ決定的に行使する、と謳っている。

ドクトリンは基本的な考え方を以下のように説明した。

「制海権、制空権を確保しなければ戦闘に勝利しない。米国の利益にとって重要な地域へ前方展開兵力を配備し続ける必要がある。これらは普遍の理であるが、他方で新たな環境で変化するものとは何だろうか。それは“敵”である。兵器や軍事情報、軍事技術の拡散によって敵は港湾、空港など地上配置の米軍拠点を攻撃できる能力を得た。こうした情勢変化に対応できる制海権のあり方や戦場で優位に立つシフトが求められる。

沿岸からの戦力を内陸へと投射するためにも、海上戦力と陸上戦力をシームレスにつなぐことが新たな戦略環境で不可欠な要素となっている。世界の多くの首都、大都市が沿岸部に位置し、海洋から陸上へとつなぐ沿岸地域での戦いが重要となっていく。地上に固定基地を配置する従来型の方式から、海兵隊の機動力を活かしてすべてを海上から戦力投入する方式が21世紀に向けた海軍戦略の柱となる」。

このドクトリンで改めて強調されたのが、洋上での攻撃起点の確保だ。アメリカ軍が海外に保有する地上基地は減少傾向にある上、同盟国、友好国が米軍に常に協力して地上基地を使わせてくれるかどうかも不透明になっている。海軍の艦船を足場に洋上から戦力を攻撃目標に投入する「シーベース」構想が21世紀の海洋戦略の鍵となる。

シーベースはいつでも、どこへでも展開でき、外国の干渉を受けずにいつまでも拠点として使える。高度な機動性のある攻撃拠点を確保し、沿岸部から内陸へ新型輸送機オスプレイなどを使って海兵隊を敵地の奥深くへ投入できる。

90年代に出された海軍戦略の政策論文はいずれも海洋から沿岸重視へと移行する論理の積み上げだったといえる。

ポスト冷戦の海軍戦略は初期段階で戦時体勢を解除し、平時における軍隊の役割を模索するものだった。人道支援、災害救援、麻薬撲滅といった従来は軍事の範疇に入らなかった分野へも手を伸ばす。ビジネスでいえば新たなニーズに応じた新規事業を生み出さなければ収益（国防予算）の縮減が止まらない。予算争奪戦に勝機を見出せなかったともいえる。

予算削減のほかに冷戦後の大きな情勢変化として米軍を悩ませたのが同盟国、友好国の協力が求めにくくなったことだった。大きな敵が消滅すると米軍の威光にも陰りが生じていくのは必然だった。アクセス拒否という深刻な事態も想定せざるをえなかった。このため海軍が考え出したのは、既述のようにいつでも、どこでも軍事拠点が確保できる「シーベース」のコンセプトだ[21]。

ジョージ・ブッシュ大統領は米軍による武力行使、その拠点となる海外基地のあり方についてこう述べた。「アメリカは従来国際社会のサポートを求めることに努め、理解を得てきた。しかし同盟国をまとめていくことは少数の反対意見に屈することではない。アメリカは自身の安全を守るために誰かの許しを得ることはしない」（2004年の一般教書演説）。「われわれが開発している海上基地は軍事介入する場所の近くに浮かべたプラットフォームで作戦を展開する。遠く離れた地上基地からではないのだ」（2005年５月、メリーランド州アナポリス、海軍兵学校卒業式）。

3　沖縄基地問題

(1)　ターニングポイント

1995年９月に起きた少女暴行事件は沖縄問題のターニングポイントになった。12歳の少女が３人の米兵に強姦された事件は世界のメディアが報じ、沖縄の基地問題が一気にクローズアップされた。

日米両政府はこれまでさほど気にかけてこなかった沖縄問題に正面から向き合う必要に迫られた。当時の橋本龍太郎総理とビル・クリントン米大統領は96年２月のサンクレメンテ日米首脳会談で海兵隊普天間飛行場の返還について協議を始めることに合意し、同年４月には橋本総理とウォルター・モンデール駐日米大使が返還合意を電撃発表した。普天間問題と同時進行で日米間協議が進められたのが日米防衛協力のための指針（ガイドライン）の改定作業だった。沖縄基地の安定維持という同盟管理と新たな同盟協力の模索というポスト冷戦の大波が同時に押し寄せてきた。

少女暴行事件をきっかけに日米間の重大案件に浮上した沖縄基地問題。ちょうどそのころ、事件と関わりなく沖縄県と日本政府が基地問題をめぐり緊迫した関係になりつつあったのは、米軍基地内の土地提供を拒む“反戦地主”に対する強制使用手続きの真っ最中だったからだ。当時の大田昌秀沖縄県知事は基地に対して厳しい立場のいわゆる“革新派知事”だった。暴行事件もあって沖縄県内では軍用地強制使用手続きに知事が協力できる政治情勢ではなかった。強制使用手続きが停止すると政府は米軍基地として提供している土地の使用権原を失い、米軍基地は不法占拠の状態に陥る。日米安保体制における日本側の責務であるところの安定的な基地提供が困難になってしまうという局面でもあった。大田知事は強制使用手続きを拒絶した。政府は機関委任事務としての強制使用手続きを県知事が怠った、として裁判所に是正を申し立てた。

少女暴行事件、普天間返還、米軍基地用地問題、ガイドライン改定。これらが一塊となって日米同盟を揺さぶった。この時に吹き出した基地問題は21世紀になってさらに広がっていく。それは海兵隊の沖縄駐留の是非論にもつながる。

（2）沖縄でなくてもいい

1995年9月、当時12歳だった小学女子が3人の海兵隊員に拉致された。粘着テープで顔を覆われて足を縛られ、車に押し込まれた。海岸近くの草むらに連れ込まれ、レイプされた。

このショッキングな事件は世界中で報じられた。米側はクリントン大統領がラジオ番組の中で事件を謝罪する異例の対応だった。ウィリアム・ペリー国防長官はアジア歴訪を控えた同年10月、NBCテレビのインタビューで「日本が求めるあらゆる提案を検討する用意がある」と話した。日本側から提案があれば、基地縮小も含めて検討する用意があるとの考えを表明したのだが、「現段階では日本からの基地縮小の要請はきていない」と語っている[22]。

ペリー長官の発言について記者ブリーフィングしたジョセフ・ナイ国防次官補はこう説明した。「アジア太平洋地域に展開している米軍兵力10万人は維持するが、問題は兵力配置を変更できないかどうかだ」。ペリー長官はアジア歴訪で日本も訪問する予定だった。記者から「沖縄からの兵力移転についても日本側と話し合うのか」と聞かれ、ナイ次官補は「ペリー長官からそのような話題も出るだろう」と語っている。さらに記者は「沖縄から本土へ部隊を動かすことも検討する、ということか」と質問した。これに対しナイ次官補は「イエス」と答えた後、兵力の本土移転は可能であることと、移転する場合の移設費は日本側が負担することが前提であることを明示した[23]。

これがペリー長官の「日本が求めるあらゆる提案を検討する」という言葉の具体的な中身だった。裏を返せば、米軍基地をどこへ配置するかは日本政府の意思であると米側は考えている、ということになる。前章ですでに明らかなように、沖縄に海兵隊が移転し、米政府が全面撤退を検討したにもかかわらず引き止めたのは他でもない日本政府だった可能性が高い。外国軍の駐留は接受国が基地提供義務を負うので、その配置については接受国の国内調整に基づきなされる。ところが日本では米軍戦略に基づき、地理的優位性のある沖縄に基地が集中するのは当然のように理解されている。

米軍部隊や基地の本土移転に日本政府はまったく関心を示さなかった。しかもペリー長官やナイ次官補の言葉を日本の政治家と官僚はそれぞれ異なった受け止めをした。野坂賢官房長官は従来日米で合意していた在沖米軍基地の諸返還計画を超えて米側と協議する糸口を探る考えを表明した[24]。野坂官房長官は「ペリー長官が来日する際にはそれ以上のことを提案して話し合いたい」とコメントした[25]。

これに対し外務省側は逆の反応だった。外務省幹部は「日本政府は基地縮小を求めるつもりはない」と交渉の窓口を閉じた。この発言を伝える朝日新聞の記事は「米政府内に沖縄米軍基地の縮小に対する強い抵抗があるとの判断から、日本側が縮小を求めた場合米側の反発を招きかねないと懸念したとみられる」と書いている[26]。

この日米双方の議論のすれ違いはその後も修正されないまま現在に至っている。沖縄の負担軽減に協力を求める日本側だが、米国はペリー長官の議会証言にもあるように、海兵隊の駐留は日本本土でもいい、と表明している。

少女暴行事件が起きた当時、駐日米大使だったウォルター・モンデール氏は後のインタビューで「彼ら（日本政府）はわれわれ（在沖海兵隊）を沖縄から追い出したくなかった」と語っている[27]。橋本首相とともに米海兵隊普天間飛行場の返還を決めた同氏は、移設先をめぐる日米協議について「われわれは沖縄とは言っていない」「基地をどこに配置するかを決めるのは日本政府でなければならない」と語っている[28]。

ヘンリー・キッシンジャー元国務長官も当時、沖縄に駐留する海兵隊は別の場所に移転できるとコメントしている。「沖縄から海兵隊を撤退すべきかどうかについては、日本政府が最終的な発言権を持っている。東アジアから海兵隊が撤退することは考えられないと考える人もいるだろうが、実際、沖縄からグアムやハワイに海兵隊を移すことは比較的容易であり、日本政府が最終的な決断をすべきものである」[29]。

(3) ランデブーポイント

他方、学者ら専門家の間でも沖縄に米軍基地が集中する問題をめぐり、さまざまな議論が噴出した。米側からは海兵隊が沖縄に常駐基地を持たなくてもアジア太平洋地域における運用を継続できるといった主張が相次いだ。

たとえばコモンウェルス研究所研究員のカール・コネッタ、チャールズ・ナイトは朝鮮半島有事を分析し、こう議論している。半島有事で必要な兵力は湾岸戦争の45％～55％であり、およそ22万人を動員する。爆撃機など600

機、空母2隻、艦船30隻、海兵隊3～4個師団、攻撃型ヘリ400機、砲700問、多目的ミサイル200機を投入する。この作戦を念頭に置いた場合でも太平洋配備の地上兵力は余剰があり、現在の8万人から6万5000人に削減できる、と主張した[30]。

沖縄の海兵隊の兵力は定数1万8000人だが、実数は1万2000人から1万4000人ほどとされている。普天間飛行場に配備されているヘリなど航空機は計60機でしかない。「極東最大」という冠を戴く空軍嘉手納基地も主力のF15戦闘機が50機しか配備されていない。そうすると朝鮮半島有事における在沖米軍の役割は、本国から大動員される主力部隊を補う兵力しか配置されていないということになる。

ブルッキングス研究所研究員のマイク・モチヅキとマイケル・オハンロンは朝鮮半島有事で在沖海兵隊が投入できる兵力は全体の5％と見積もっている。有事対応の在沖海兵隊ではなく、むしろ平時における通常任務をこなす上で沖縄が“便利”なだけだと論じている。約2000人で編成する海兵遠征隊（MEU）が長崎県佐世保に配備されている強襲揚陸艦でアジア太平洋諸国を巡回するパトロール任務に沖縄基地は使い勝手がいいということだ。艦船と部隊が落ち合う場所「ランデブーポイント」は沖縄でなくてもいい[31]。

同論文は、遠征隊の隊員を米本国の海兵隊基地から九州に空輸し、佐世保の揚陸艦に乗船させれば、沖縄を使う必然性はなくなると具体的に提案している。海兵隊のアジア展開にかかる経費は沖縄の基地を使えば約10億ドルだが、米本国へ移転すると倍の予算が必要だと見積もった。ただ本国の基地に常駐する隊員が増えたことによる経済効果を考慮すれば経費の増加分は相殺されるだろうと分析している。

日本では森本敏元防衛大臣が野村総研主任研究員だった頃の1996年、雑誌「Voice」（同年6月）に寄稿している。「海兵隊が沖縄で行っている各種の訓練をどこかの地域にローテーションで移転するという方法はないのか。『どこか』という場合、日本の本土の自衛隊の施設のなかということもありえるし、あるいはアジア太平洋のその他の地域、たとえば、豪州とかパラオとかフィリピンとか韓国とか、あるいはアメリカの領土だけどもグアムとか、そういう地域にローテーションで訓練を持っていく。いちばん望ましい地域は豪州に訓練を持っていって、日本と豪州でアメリカのアジアにおけるプレゼンスを支援するという体制があり得ると思う」。

少女暴行事件後は事件を犯したのが海兵隊員だったこともあって、海兵隊の沖縄駐留の正当性に疑問を投げかける主張が出始めたのもこの時代を象徴する出来事だったといえよう。同時に日本国内における軍事論議のあいまいさをあぶり出していった[32]。

(4) 橋本政権の試み

少女暴行事件が起きたときの総理大臣は社会党の村山富一だった。その年の1月に阪神淡路大地震、3月にオウム真理教の地下鉄サリン事件など日本を震撼させた災害、テロ事件があった。そして沖縄基地問題に揺れ動いた村山内閣はおよそ1年半で退陣し、1996年1月に自民党の橋本龍太郎へ政権をつないだ。

2月にカリフォルニアのサンクレメンテで日米首脳会談に臨んだ橋本首相はクリントン大統領に普天間返還交渉を持ち掛けた。4月に返還合意をまとめ、9月には沖縄問題に対する政府の基本方針を表明する総理大臣談話を発表した。この中で、沖縄基地問題に政府が真摯に向き合ってこなかったことを謝罪し、①政府全体で沖縄振興に取り組む②アジア太平洋の安全保障に日本は積極関与する③基地負担軽減のため米側と兵力構成について協議する——ことを約束した[33]。

当時の大田昌秀沖縄県知事は、「2015年までに基地をゼロにしてもらいたい」とする要望を政府に突き付けていた。大田県政の具体的な狙いは基地の負担軽減を進めるに当たり、海兵隊だけでも沖縄から移転させることだった。沖縄側の要望を受けた形で出されたのが橋本首相の総理談話だった。政府は海兵隊撤退を言わないまでも、「基地負担軽減のため米側と兵力構成について協議する」という文言を談話に差し込むことで沖縄側の理解を求めた。

当時、少女暴行事件に憤怒する沖縄側と基地を押し付ける橋本政権の対立という構図で捉えられていたが、実際は橋本首相と大田知事は何度も会合を重ね、梶山静六官房長官と吉元政矩副知事が実務を取り仕切り、沖縄基地問題の抜本的解決策が模索されていた。そして海兵隊を本土へ移転する可能性も探っていた。

政府系シンクタンクの総合研究開発機構（NIRA）が1998年7月から翌99年6月までにかけて、「大規模用地の新しい利用方法に関する研究」をテーマに報告書をまとめている。それは海兵隊の普天間飛行場を含めた全部隊を北海道の苫小牧東部大規模工業基地に移転するアイディアだった。研究は社団法人日本リサーチ総合研究所がNIRAの委託を受けて実施していた。

報告書は海兵隊の全面移転を想定し、施設ごとにかかる費用や面積など詳細に検討されている。必要な土地面積は全体で1200ヘクタールと想定、建設工事費は3000億円を見積っていた。内訳は飛行場（滑走路2500メートル級）で500億円、住宅・宿舎3000戸で600億円、事務所および兵舎1万人分で600億円、病院・生活関連施設300億円、倉庫および港湾その他インフラ整備で1000億円など。苫東移転が適している理由については（1）広大な土地が存在、（2）港湾に近接、（3）近くに大規模空港（千歳）がある、（4）演習場も周辺既存施設を活用可能――などの点を挙げている。

苫東開発は1971年の「苫小牧東部大規模工業基地開発基本計画」策定以来、国家プロジェクトとして進められてきた。産業・研究開発・都市開発関連用地の分譲予定面積は約6300ヘクタールだが、当時の分譲面積は820ヘクタールにとどまっている。事業の中心だった第三セクター苫東開発株式会社が約1800億円の債務を延滞し、経営破たん状態にある。このため、関係機関では、現会社を清算し、新たな会社を立ち上げ、資産を移すことも検討されていた。

同報告では、海兵隊移転により見込める年間20〜50億円程度の安定的な地料収入によって「新会社」の事業見込みが立つとしている。また、海兵隊基地としての暫定利用の期間が、他の大規模土地利用型プロジェクトの準備期間になり、苫東開発の全体像が描きやすくなるとしている。

米側も日本政府が移設先を決めさえすれば合意する用意があった。当時、防衛庁参事官として沖縄基地問題を担当した守屋武昌元防衛省事務次官は「キャンベル（米国防総省次官補代理）は北海道でもいい、と言っていた」と語っている[34]。実現しなかった理由について守屋氏は、「海兵隊の実弾砲撃訓練を本土へ移すだけでも大変な問題になる」とし、政府が米軍基地の移転に伴う日本国民の反発といった政治リスクを背負うことができないためだったと証言している。

海兵隊の北海道移転プランは公式に世に出る前に自民党サイドによって封印されてしまった、と元副知事の吉元氏は語る[35]。「北海道開発庁の職員の案内で現地説明を受けた。北海道の他に青森県、鹿児島と宮崎に面する志布志湾周辺が候補地に挙がっていた」。北海道案が消滅した理由について吉元氏は、「レポートが発表される直前、官邸サイドから呼び出された。自民党の大物議員が『北海道は寒すぎる』と一蹴された。寒風は大陸から吹くので朝鮮半島は北海道より寒いですよ、と返したが、もはやこの議論は終わっていた」と述懐する。

少女暴行事件をきっかけに沖縄問題が日米間の重要課題と位置づけられた。沖縄問題は米軍基地が集中し過ぎることに起因しており、それを解消するために米側はペリー長官が「日本のあらゆる提案を考慮する」と議会証言したように部隊や施設を沖縄から移転することに柔軟だった。キッシンジャー氏やモンデール元大使が語るように基地配置は接受国の国内問題だと米側は考えている。他方、日本側は橋本首相がアジア太平洋地域の安全保障に日本がより積極的に関与する中で沖縄の基地を減らす姿勢を表明した。水面下では北海道移転なども政府系シンクタンクが検討したが、結局日の目を見ないまま終わってしまった。それは守屋元防衛事務次官が語るように海兵隊を受け入れるだけの政治コストを日本本土側は負えない、ということだろう。

90年代に急浮上した沖縄の基地問題は日米間の重要課題と認識されながらも出口の見えない迷路を彷徨うことになった。

おわりに

90年代の海兵隊リストラ策の中でも海兵隊を沖縄から大幅に撤退させる案が太平洋司令部の中で検討されていた“痕跡”がある。筆者が1993年3月にハワイの太平洋司令部があるキャンプスミスでインタビューしたヘンリー・スタックポール中将（太平洋海兵隊司令官）は、沖縄から主力をハワイへ退け、海兵遠征隊規模の兵力を残す再編計画を策定したことを明かした。しかし結局同プランが具体化できなかった理由について、スタックポール中将は「兵力を移転する予算がなかった。人を動かすと社会インフラ整備が不可欠だが、予算を手当てするめどが立たなかった」と説明した。

海軍・海兵隊の戦略が冷戦時の「対称型」の伝統的安保が「非対称型」の非伝統的安保へと大転換する過程で在沖海兵隊の位置付けが変化していく。長崎県佐世保に艦船を配して小振りな機動展開部隊をアジア太平洋全域に巡回させながら、同盟国、友好国を結ぶ安全保障ネットワークを構築していく活動が活発化していく。人質奪還作戦のほかは、国境を越えた全人類的な課題である人道支援プロジェクトや災害救援活動、麻薬密売監視などが主要任務となった。

それはポスト冷戦の海軍戦略が海兵隊の機動力をアピールする方向へと移行していったことが、同年代に相次いで発表された戦略コンセプトから見て取れる。こうした新たなコンセプトは大海原では役目を失った海軍艦船を沿岸部へ寄せ、甲板をジャンピングボードとして海兵隊を戦地へ投入する

「シーベーシング」へ進化していく。

そして90年代は少女暴行事件を引き金に沖縄基地が揺れ動く。普天間返還合意、北海道移転の検討などを含め、海兵隊基地をこのまま沖縄に配置し続けるべきかとい問題提起が相次ぐ。海兵隊内部からも運用上の観点から撤退論が散見されたほか、米政府をはじめ研究者らのコメントを見ると米側は部隊移転に柔軟であるとの印象を受ける。日米安保条約を紐解くまでもなく、基地提供は接受国の責任であり、どこに配置するかについて米側は「国内問題」であるとの立場だ。この文脈で見れば、やはり沖縄に海兵隊基地を置き止めるのは日本側であることは自明のことだ。この論議は海兵隊普天間航空基地の移設問題としていまも続いている。

興味深いのは2000年初頭に日米両政府が合意した海兵隊再編配置案は、スタックポール中将が90年代初頭に検討したという移設プランとほぼ同一線上にあるということだ。海兵遠征隊だけを沖縄に残し、他は米本国などへ移転するという考えは同じだ。同中将が指摘した財政問題は、米軍再編で日本政府の財政負担を取り付けたことによってクリアされ、在沖海兵隊はグアム、豪州、ハワイなどへ分散移転される。

冷戦崩壊後の90年代は海兵隊のアジア太平洋での運用形態が大きく変容していく分岐点になった。沖縄では紛争を想定した部隊配置でなくなったことが大きな変化である。平時において日米同盟を維持・管理する財政コスト、政治的コストをどう振り分けるかという負担の分配に日本がどう取り組めるかという問題提起が沖縄側から投げかけられた年代でもあった。

【注】

1　*Okinawa Marines*, Jun 26, 1991.

2　琉球新報社編 『最新版　沖縄コンパクト事典』琉球新報、2003年３月。

3　屋良朝博『砂上の同盟――米軍再編が明かすウソ』沖縄タイムス社、2009年、213頁

4　Russel Gilbert. Force Surgeon III MEF.

5　*Stars and Stripes*, February 24, 1992.
6　Ibid.
7　Ibid.
海兵隊統計、1992年２月現在の兵力：19万3627人。予算97億ドル。太平洋配備３万1992人、沖縄１万8502人。
8　本土を含め日本駐留海兵隊は２万200人
9　*USMC Expeditionary Force 21 Marine Expeditionary Brigade Over View*. pp. 24-26. http://marinecorpsconceptsandprogrtams.com/sites/default/files/files/EF21_Glossy.pdf
10　Russell O. McGee, "31st MEU Issues: An Illustration of Marine Overcommitment", *Marine Corps Gazette*, July 1994.
11　ペンドルトン海兵隊基地（カリフォルニア州）の面積約５万ヘクタールに対し、沖縄の海兵隊基地は1.7万ヘクタールに過ぎない。しかも基地施設が住宅地などを隔てて分散しているため、使用上の制約が多い。
12　海兵隊は1775年の発足以来、水陸両用という特異な任務形態ゆえに常に必要性をめぐり議論がある。撤廃論が出る度に議会の海兵隊シンパに救われ、わざわざ法律で存続を規定するようになった。屋良『砂上の同盟』108頁。
13　Neil Corns and Marine Corps captain Stanton Coerr. "A True Force in Readiness" *Proceedings*, August 1994.
14　Doug Bandow, "U.S.Filled Okinawa With Bases And Japan Kept Them There: Okinawans Again Say No" *Forbes* Nov 26 2014.
15　Vern Clark, "Sea Power 21: Projecting Decisive Joint Capabilities" Proceedings October 2002.
16　H. Lawrence Garrett, III, Frank B. Kelso, II and A. M. Gray, "The Way Ahead," *Proceedings*, April 1991.
17　John B. Hattendorf and Ernest J. King, "*US Naval Strategy in the 1990s: Selected Documents*"（Naval War College Press 2006 pp. 157）
18　Carl E Munday Jr. "Navy Marine Corps Team: Equalizing the Partnership," *Proceedings*, December 1995.
19　H. Lawrence Garrett, III, Frank B. Kelso, II and A. M. Gray, "The Way Ahead," *Proceedings*, April 1991.
20　Jay Johnson, "Anytime, Anywhere: A Navy for the 21st Century", *Proceedings*, November 1997.
21　2000年代に「シーベーシング構想」は論理的にブラッシュアップされ、海軍・海兵隊は2002年に「21世紀戦略」として構想をまとめた。2005年８月に米国防総省はシーベーシングを全軍で推進する統合戦略に格上げしている。
22　『共同通信』、1995年10月23日。
23　国防総省プレスブリーフィング、1995年10月30日。
24　従来の返還計画とは、日米間で返還合意しものの実現しない事案などを指している。

たとえば那覇空港に隣接する那覇軍港は1974年に返還が合意されたが、沖縄県内に代替地を探すことを条件としたため、適地が見つからないまま長年塩漬けにされていた。

25 『朝日新聞』、1995年10月24日夕刊。

26 『朝日新聞』、1995年10月24日朝刊。

27 『沖縄タイムス』、2014年9月13日。

28 『琉球新報』、2015年11月9日。

29 『共同通信』、1997年5月12日。

30 沖縄県知事公室編纂『在沖米軍基地の削減等に関する議論等』1998年3月発表。

31 Mike Mochizuki and Michael E. O'Hanlon, "The Marines Should Come Home: Adapting the U.S.-Japan alliance to a new security era," *The Brookings Review*, Spring 1996.

32 マイク・モチヅキ「抑止力と在沖米海兵隊――その批判的検証」『虚像の抑止力』旬報社、2014年、116頁。

33 外務省ホームページ http://www.mofa.go.jp/mofaj/press/danwa/08/dha_0910.html

34 筆者インタビュー、2010年9月13日。

35 筆者インタビュー、2015年12月9日。

第5章

在外基地再編をめぐる米国内政治とその戦略的波及

普天間・グアムパッケージとその切り離し

齊藤孝祐

はじめに

1996年の沖縄に関する特別行動委員会（Special Actions Committee on Okinawa: SACO）合意に盛り込まれた普天間飛行場の県内移設案は、高まる沖縄の反基地運動に対する一つの政治的回答として、また同時に、東アジア地域における米軍プレゼンスを維持することを企図したものとして、それ以後の在日米軍再編問題の中心的な課題として扱われてきた。しかし実際にはその履行は大きく遅れる見通しとなり、アジア太平洋地域における軍事的プレゼンスと沖縄における基地の政治的受容をめぐる齟齬が政策課題として積み残された状態となっていた。

2005年に登場した沖縄県内における普天間飛行場代替施設（Futenma Replacement Facility: FRF）の建設と海兵隊グアム移転のパッケージ案は、一連の兵力再配置手続きを一体化させることによって軍事的能力の維持・向上と地元負担の軽減を狙うものであった。ところが、この計画は実現をみないまま、2012年に再び２つの案は切り離され、グアム移転が部分的に先行実施されることとなった。本章では、2000年代以降のこのような経緯の中で、米国がいかにして普天間飛行場の沖縄県内移設の論理を組み立て、そこに海兵隊のグアム移転を関連づけていったのか、また、いったんはパッケージ化されたこれら2つの案件がなぜ再び「切り離される（delink）」ことになったのかを検討する。

一般論として、安全保障政策の策定には軍事戦略的な視点が大きく影響する一方、その動向がしばしば国内政治の影響を受けたものになりがちであることは論をまたない。基地の配置問題もまた、国際政治レベルの視点に基づく戦略的要請と、基地接受国内の政治的調整の問題として論じられることが多かった[1]。沖縄の基地問題についても、学術研究か否かを問わず、多くの論者が日米政府レベルで合意された戦略的要請の充足と、日本におけるローカルな基地負担への反対という対立軸に焦点を当て、その中でいかなる政治が展開されるのかを描き出してきた[2]。実際のところ、これまで戦略的観点から沖縄の重要性が否定されることは、少なくとも日米両政府レベルではほとんどなかったと言ってよい。そのような中で提起された海兵隊のグアム移転案は、沖縄の負担軽減策の一つとして計画された措置という側面を持つことは確かなのであろう[3]。同様に、切り離しの決定についても、海兵隊の先行移転を通じて「沖縄の反発を和らげるため」の措置として解釈されうるものとなっている[4]。

他方、基地問題が日米両政府レベルの合意に基づいて処理されるものと位置づけられる場合、その履行に関しては日本の国内問題として見られがちであり、米国内事情の影響が丹念に検討されることはあまりない。しかしむろん、基地政策においてもまた他の政策全般にみられるのと同じように、政策の履行に必要な予算編成をめぐる政治や、政策形成における行政府と立法府の対立・調整の問題など、米国内のさまざまな動きが少なからず影響してくる。

たとえば、米国の国防政策はしばしば財政動向の影響を受ける。米国の国防予算は、2000年代にいったんは拡大トレンドに転じたが、アフガニスタンやイラクにおける戦費拡大への批判や、2008年のリーマンショックとそれに続く経済的停滞を受け、近年再び予算に強い制約がかかるようになっている。その中で、軍事戦略は予算主導（budget-driven）の色彩を強めており、米国内における財政の論理が基地政策に与える影響も増している。また、米国内への基地移設がからむ普天間・グアムパッケージの問題を理解するに際しては、基地移転政策が米国側の受け入れ自治体に与える影響という点にも配慮する必要があるだろう。この点についてはすでに、実際にグアムの軍事的増強計画が、地元の利益配分を含む米国内政事情に大きな影響を受けていることも指摘される[5]。しかしいずれにせよ、こうした財政や地元利益の問題は、それぞれに独立して存在しているわけではない。これらの問題は米国の政治過程において、戦略的要請とのバランスの下、あるいは沖縄における負担軽減という政策目的との間で調整され、その結果として基地移転の政策論理が形成されるのである。

本章ではこのような観点から、基地配置をめぐるグローバルな軍事戦略とローカルな負担軽減のバランスという視点に加え、それらに対して連邦財政の状況や基地受け入れ自治体レベルでの公共政策上の利益に由来する国内政治の影響を分析の射程に含めることで、パッケージ化と切り離しの問題に答えていくことを目指す。この際、資料上の制約もあるため、公開された行政府文書のほか、議会の公聴会議事録や委員会報告書を利用しつつ、基地移設の問題をめぐる米国側のアクターの認識を明らかにすることにしたい。これらの議論の背景には、戦略や予算をめぐって上記の要因にそれぞれ関心を持つアクターが議論を交わす言説空間が存在するため、政策論理の構造を把握しやすい。むろん、ここで観察される議論は政策の決定そのものではないが、その実施を左右する予算の問題や、場合によっては省庁人事に影響するプロセスを含むものであるため、それらの議論が政策とその履行条件を作りあげていく側面をある程度想定することが可能であろう。以下、2006年の再編ロードマップにおけるグアム移転案のパッケージ化（第1節）、2009-2011年の移設停滞からグアム移転予算凍結（第2節）、2012年の両案切り離し発表及びその後の議論の推移（第3節）について、米国内で展開された一連の政策論理を観察していく。

1　普天間・グアム移転パッケージの成立

本節ではまず、2000年代初頭の米国において沖縄の基地問題がいかなる形で認識されていたのかを整理する。そのうえで、両案のパッケージが成立するにあたり、沖縄とグアムの双方にどのような戦略的、政治的意味合いが与えられるようになっていったのかを明らかにしていく。

（1）SACO合意の履行と米国側の懸念

現在につながる普天間飛行場移設案の内容が、SACO最終報告に規定されたものであることは言うまでもない。SACO合意の履行は非常に緩やかなものであったが、それでも政府レベルでは実現に向けた準備が着々と進められていた。日米安全保障協議委員会（「2＋2」）が繰り返し開催される中で、日米間の安全保障に関する協議の強化が目指され、沖縄の基地問題も随時取り上げられるテーマとなった。こうした一連の取り組みは、その後の防衛政策見直し協議（Defense Policy Review Initiative: DPRI）にも反映されていくことになる。この協議自体は日米の安全保障枠組みを広く対象としたものであったが、その中でSACO合意の履行、特に普天間飛行場の移設案件は大きな問題として認識されていた。

しかし米国側では徐々に、SACOの履行が必ずしも順調ではないことが問題視されるようになっていった。その背景には、沖縄における軍事プレゼンス維持の要求が米国において依然高まり続けていたという事情がある。たとえば太平洋軍は、日本政府による海上施設建設の承認等の進展に一定の理解を示す一方、合意履行のプロセスが停滞する中にあっても軍としての要求は変化しておらず、普天間飛行場の返還に先立って沖合部分だけでなく完全な代替施設の建設を完了する必要があることを強調していた[6]。また、議会においても、沖縄の重要性が再確認されるだけでなく、その喪失への懸念が高まっていた。2003年に議会に設置された海外軍事施設構成見直しに関する委員会（The Commission on Review of the Overseas Military Facility Structure）は、2005年5月に報告書を公表したが、そこでは東アジアにおける兵力運用能力という観点からは沖縄が戦略的な「リンチピン（linchpin）」となるため、米軍の沖縄における能力低下は東アジアにおける米国の国益にとって大きなリスクを招くとの懸念が示された。そのうえで、普天間飛行場の機能は嘉手納基地ないし岩国基地に、あるいはその双方に移設し、その他の海兵隊も沖縄に残すべきであるとの勧告がなされている[7]。

2005年2月19日に発表された日米安全保障協議委員会による共同声明は、「沖縄を含む地元の負担を軽減しつつ在日米軍の抑止力を維持する」との観点から、在日米軍の兵力構成見直しに関する協議を強化するとの方針を示したうえで、「地域社会と米軍との間の良好な関係を推進するための継続的な努力」を重視し、「日米地位協定の運用改善や沖縄に関する特別行動委員会（SACO）最終報告の着実な実施が、在日米軍の安定的なプレゼンスにとって重要である」ことを確認するものとなった。その点ではむろん、基地移設問題が戦略的要請と日本国内の事情の双方に配慮して進められるべきものであるとの姿勢が、米国側で大きく崩れたわけではなかった[8]。しかし、日本側の政治的問題を理由に普天間飛行場の移設が遅れていく状況は、米国内で地元の基地負担問題それ自体だけでなく、沖縄の戦略的重要性とその不安定化によって生じるリスクへの懸念にもつながりはじめていたのである。

（2）在沖海兵隊グアム移転案とのパッケージ化

2005年10月に「日米同盟：未来のための変革と再編」が発表され、そこでハワイ、グアム、沖縄間における海兵隊の再配分方針が示されることとなった。すなわち、普天間飛行場移設の加速と太平洋地域における海兵隊再編が関連づけられたうえで、第三海兵遠征軍（III Marine Expeditionary Force: III MEF）司令部をグアム及びその他の場所に移転し、残りの在沖海兵隊部隊を再編のうえ海兵遠征旅団に縮小することが明記されたのである[9]。その後、2006年5月1日には「再編実施のための日米ロードマップ」（以下、ロードマップ）が発表されている。ロードマップでは、2014年までに沖縄の海兵隊をグアムに移転すること（沖縄に残る兵力は司令部・陸上、航空、戦闘支援及び基地支援能力といった海兵空地任務部隊の要素）、また、グアム移転に伴うインフラ整備費（102.7億ドル）のうち、日本がそれを促進する形で60.9億ドルを提供することが明記され、その残りを米国が負担することとされた[10]。

ロードマップのこのような内容自体は、普天間飛行場の移設を加速させることによって、米軍の抑止力を維持しつつも沖縄の地元負担を軽減することを目指したものであり、その実現のための手段として海兵隊グアム移転とのパッケージ化が行われた、ということであるようにみえる。他方、米国側からみれば、普天間とグアムのパッケージ化は単に「沖縄問題」の文脈においてのみ意味を与えられたものではなかった。そこには、米国においてグアムを中心とするアジア太平洋地域のプレゼンス再編案が検討されていたという事情がある。米国の戦略的要請という観点からみれば、普天間飛行場の移設と海兵隊のグアム移転のパッケージ化は、一つには中国や北朝鮮を含むアジアの脅威の高まりに臨んで、より効率的にプレゼンスを維持するための手続きとして重要なものであった。

さらに、グアムにおける基地機能の拡大計画は、受け入れ自治体のインフラ整備をめぐる問題を惹起した。このことによって、パッケージの履行は日米間の国際問題、ないし日本の国内問題という側面だけでなく、米国の国内問題としての性質を帯びるようになった。2006年6月には、グアムを訪問したペース（Peter Pace）統合参謀本部議長が、15年以上にわたってインフラ整備のために100-150億ドルの投資が必要となることを指摘した[11]。この問題は、グアムへの兵力集中が現地において「ただでさえ不足しているインフラ」にさらに過剰な負担をかけることへの懸念から生じたものであった。2006年に作成されたグアム統合軍事開発計画（Guam Integrated Military Development Plan）では、グアム増強の規模が限定的に見積もられていたが、これに対して議会からは、実際にはより大規模な人口増が見込まれること、それに伴って学校や医療施設、住居、交通網等の整備費用が劇的に拡大する可能性があることなどの問題が提起されるようになってきたという[12]。

グアムの増強計画は、このような形で軍民問わず地元のインフラ整備問題を政治的に前景化させた。その結果、米国内ではグアムにおける基地強化の取り組みをめぐる議論が、軍事戦略の履行のあり方という観点から論じられるだけではなく、民生インフラの拡充といかに結びつけるか、また、そこに連邦政府の財源をいかなる形で投入するのかという議論へと展開していった。2008年5月1日に開かれた「グアムの軍事的増強」と題する公聴会の冒頭、上院エネルギー・天然資源委員会の委員長を務めていたビンガマン（Jeff Bingaman）議員はグアムの軍事的増強計画が極めてタイトなスケジュールで進められる予定となっていること、また、増強に伴ってグアムの人口が劇的に増加することに言及し、これらの要因がグアムのインフラ整備問題の存在を浮き彫りにしている状況を示した。ビンガマンはここで、グアム政府が連邦政府の支援なしに民生インフラの整備をする能力や財源を持たないことを指摘したうえで、それでは軍事的増強に伴って生じる民生インフラ整備のニーズをいったいどのようにして充足するのか、という問題を提起している[13]。

委員会のこのような問題認識は、グアム側にも共有されていた。下院のボルダーロ（Madeleine Bordallo）グアム代表は、グアムが軍の受け入れ環境を整えるには、軍事建設だけでなく民生インフラの整備に大規模な投資を行う必要があることに触れ、その実現のためには連邦政府の関与が不可欠であることを示唆している[14]。カマーチョ（Felix Camacho）グアム準州知事もまた、グアムの戦略的重要性に理解を示す一方、急速な増強によって軍事面のみならず、民生面での負荷が大きくかかることを指摘し、連邦政府の支援なしにそれに見合ったインフラ整備を行うことが現実的ではないと主張した。総じてグアムの立場は、「今回の軍事的増強は、物質面でも社会面でもグアムに将来にわたる成果をもたらす形で実施されてこそ、米国全体、そしてグアム住民の利益に最もかなうものとなる」というものであった。それゆえに、「グアムの軍事的な価値だけでなく、グアム住民の権利、健康、福利を考慮し、統合的かつすべてを包含したアプローチをとることが重要」な条件とされたのである[15]。

こうして、グアムのインフラ整備問題は、地元の支援要請ともあいまって、議会における関心事となっていった。と同時に、ゲーツ（Robert Gates）国防長官が2008年5月のグアム訪問に際して、今日におけるグアムの軍事上の重要性に触れつつ、グアム住民のニーズへの配慮にも言及したと報じられるなど、国防総省も現地の民生インフラ問題を意識するようになっていたようである[16]。普天間移設とグアム移転のパッケージ化が、軍事戦略や沖縄の負担軽減という側面だけでなく、グアムのインフラ整備という米国内政上の問題をもはらむという認識は、こうして地元、議会、国防総省を含む米国側のアクター間で共有されてきたのである。

（3）沖縄の戦略的価値と負担軽減への認識

グアムが持つ戦略的・政治的意味合いの多角化は、しかし、必ずしも沖縄の軍事的価値の低下を意味していたわけではない。米国では「四年ごとの国防見直し（Quadrennial Defense Review: QDR）」2006年版の発表以降、普天間とグアムの問題がより大きな戦略的文脈の中で議論されるようになっていった。たとえば太平洋軍が軍事委員会の公聴会において示した認識は次のようなものである。キーティング（Timothy Keating）司令官はQDRの目的を、台頭する脅威への米軍の対応力を強化するものと解釈し、そこで軍事力向上のために技術的な優越を利用しつつ、アジアにおける軍事的な足場を減少させていくことの重要性を示唆した。それと同時に、機動力を高めることで必要に応じて兵力を投射する態勢を整えておくことにも言及している。日本やグアムを含むアジア太平洋地域の兵力再編はこうした文脈に位置づけられ、特にFRFの建設が一連の海兵隊再配置計画のリンチピンとして重視されることが、戦略的観点からも再確認されていった[17]。

米国はこうした計画の履行について、軍事戦略と沖縄における負担軽減の両面から高い意義を有するものと評価するようになっていた。ただし、それはあくまでもロードマップの記載内容に即して、FRFの建設をグアム移転の前提条件として扱おうとするものであった。国防総省や国務省、そして太平洋軍の主張では、移転作業に関するすべてのかなめがFRFの建設にあることが繰り返し確認された。海兵隊のコンウェイ（James Conway）司令官の発言に示されるように、こうした取り組みは海兵隊がより効果的に兵力を展開すると同時に、日本における米軍施設周辺の影響を和らげるものとなる。中でも、沖縄におけるFRFの完成は、海兵隊の再編やKC-130輸送機の岩国移転、グアムへの海兵隊移転など、さまざまな負担軽減策の「前提」となっているとされたのである[18]。

このように、普天間移設とグアム移転のパッケージはさまざまな案件に紐づけられるようになり、その結果として日本政府や沖縄県だけでなく、米国内政にも影響を及ぼしうる政治課題となっていった。この時点では、グアム移転と普天間飛行場移設のパッケージが計画通りに履行されることによって、米国がいずれの要素についても利益を得ることのできる状況が成立していた。しかし逆に言えば、このことは普天間飛行場の移設失敗に伴うリスクもまた、同時に大きく、かつ、多面的なものとなっていったことを意味している。それにもかかわらず、普天間飛行場の移設を戦略的・政治的な前提として扱いえた背景には、少なくとも公式見解としては、その履行をめぐる見通しについて依然として楽観的な評価がなされていたことがある。

上院予算委員会の公聴会において、イノウエ（Daniel Inouye）議員は少女暴行事件以来の沖縄における政治的緊張の高まりを指摘し、それによってグアムへの海兵隊移転計画にも影響が生じるのではないかとの疑問を呈していた。しかしこれに対してコンウェイは、移転計画に対する大きな影響はなく、地元との協力関係に基づいて移転を進めていくとの考えを示している[19]。実際のところ、日本政府レベルでは辺野古地域の環境調査が始まるなど、ロードマップの発表以降にプロジェクトの進展がなかったわけではない。議会でも、これらの動きはアジア太平洋戦略が順調に進展していることの説明材料とされた。たとえばベンカート（Joseph Benkert）国防次官補はその指名公聴会において海兵隊のグアム移転の見通しを問われた際、上記の日本政府による環境調査の実施に触れているほか、日米両政府の間でグアム移転費用の負担分担を含む議論が行われていることにも言及し、「両政府はこの複雑な取り組みに努力を傾け続けており、移転が成功する見通しは依然として高い」と述べている[20]。

2009年2月には、ロードマップの内容が再確認され、日米間で「第三海兵機動展開部隊の要員及びその家族の沖縄からグアムへの移転の実施に関する日本国政府とアメリカ合衆国政府との間の協定」が締結された[21]。同協定では再編案全体が「一括」のものとされ、嘉手納以南の土地返還が海兵隊のグアム移転の実施にかかっていることが示された。さらに海兵隊のグアム移転の実施は、FRFの完成に向けての「具体的な進展（tangible progress）」と、グアムの施設整備に対する日本政府の資金面での貢献に依存する旨が記されている。しかし、協定で規定されたパッケージ案は、日米相互に政策の梃子として作用することが期待されたが、それと同時に一方の進捗状況に他方の履行が拘束されることを明示したのであり、米国側が自国の国内事情に基づいて政策を先行させることが困難になることも意味していた。その結果、パッケージ履行の出発点となる普天間飛行場の移設に「具体的な進展」がみられたかどうか自体が、米国側でも一つの重要な争点となっていくことになる。

2　緊縮財政下の基地政策とグアム移転予算の凍結

普天間飛行場の移設と在沖海兵隊のグアム移転がパッケージ化されたことは、グアム移転の実施が普天間飛行場の移設に依存する状況が生まれたことを意味した。その一方で、普天間飛行場移設の実行可能性の問題とは別に、アジア太平洋地域におけるグアムの戦略的・政治的意味合いは高まりつつあった。そのような中、日米両政府はパッケージの「具体的進展」にかかわる二つの大きな問題に直面することとなる。本節では、リーマンショック後に高まった財政制約と、日本における政権交代がもたらした政治状況の中で、米国内でパッケージ案がどのようにとらえられるようになっていったのかを明らかにしていく。

(1) 反基地運動の高まりと財政制約の強化

2008年9月に発生したリーマンショックは米国経済に大きな打撃を与え、その後の連邦予算編成にも強い制約がかかるようになった。さらに2009年に日本で民主党政権が成立すると、沖縄において基地への反対運動が再燃していく。鳩山由紀夫首相のイニシアティブによって一連の基地移設問題が「リシャッフル」され、移設が進まないまま沖縄では基地を「最低でも県外」に移設することへの期待が大きく高まったためである。

しかし、このような状況の変化にもかかわらず、米国内で基地をめぐる議論の構図自体が大きく変わったわけではなかった。鳩山政権成立後、ゲーツ国防長官は北澤俊美防衛大臣との共同記者会見において、日米双方及び地域的な戦略的利益の観点から、合意したロードマップの通りに基地移設の手続きを進めることの重要性を指摘し、そのうえで「FRFは再編ロードマップのリンチピンとなっている。普天間の再編が行われなければ、(海兵隊の) グアムへの移転も行われない。また、グアムへの移転が行われなければ、沖縄における兵力の統合も土地の返還もない」との立場を改めて表明した[22]。米国側ではグアム移転の圧力が高まると同時に、沖縄の重要性をめぐる認識も強まっていたのである。

実際のところ、軍事戦略の面では、中国の急速な台頭や北朝鮮の動向に鑑みて、グアムに軍事的機能を集約しつつも沖縄には足がかりを残しておく必要が高まっているという議論が展開されていた。たとえば国防総省のロビン（Dorothy Robyn）副次官は、沖縄海兵隊のグアム移転に係る戦略目標として、次の点を挙げている。第一に、沖縄でのプレゼンスを維持しつつ長期的な問題を解決し、日米同盟を強化すること、第二に、日本及び西太平洋における米軍プレゼンスを長期的に維持すること、第三に、グアムの戦略的な利点を活用し、アジアにおける複雑な安全保障環境の変化に効果的に対応すること、である。この際、ロビンは日本の政治状況が極めてデリケートな状況にあるとの認識を示しているが、米国政府としては、引き続きロードマップを重要な戦略的問題への解決策として位置づけ、その履行に向けた取り組みを継続していくことを確認している[23]。

その後も国防総省は議会に対して、沖縄の軍事的価値について明確に述べている。たとえば、シーファー（Michael Schiffer）国防次官補代理は、沖縄（III MEF）がハワイからインドにかけての地域において地上兵力を投入可能な唯一の拠点となっており、伝統的、非伝統的なものを問わずさまざまな地域的脅威に迅速に対応する能力を提供する位置にあることを強調している。特に、2010年3月に発生した北朝鮮による韓国の哨戒艇（天安）沈没事件は、抑止において米軍の果たす役割の重要性を沖縄や日本全土に喚起したものと理解され、FRFの建設を推進することの重要性もこのような文脈に乗せられた[24]。そのうえで、シーファーはFRFの位置づけについて、沖縄における米軍の整理統合を進め、人口密集地域からの移転を進めるためのより大きな計画の一部に過ぎないとも述べ、沖縄における基地再編パッケージがグアムへの8,000人規模の海兵隊移転だけでなく、嘉手納空軍基地南部の土地返還をも可能にする措置であるとの見解を示した。国防総省はこのような負担緩和措置が沖縄における米軍のより持続的かつ強固なプレゼンスにつながると述べ、FRFの建設を中心とするパッケージ履行の重要性を繰り返し指摘している[25]。

さらにこのステートメントでは、グアムの戦略的重要性についても触れられている。グアムへの海兵隊移転は、①日本及び西太平洋地域における長期的な米軍プレゼンスを確保するものであり、同盟・友好諸国に対しても有益なメッセージを発することにつながる、②日本との同盟関係を強化するものであり、それによってアジア太平洋地域における米軍プレゼンスの礎が築かれると同時に、グアムの体制整備を進めながら沖縄における米軍の影響を縮小していくことによってより安定的なプレゼンスが創出され、その結果同盟が強化される、③グアムの戦略的なロケーションを最大限に活かすことで、アジアの米軍を安全保障環境の変化に即してより効果的に配置することになる。したがって、グアムはアジアにおける米国の戦略の重要な要素となっているのであり、さらにより広い視野から見れば、平時の活動や人道支援・災害救援（Humanitarian Assistance / Disaster Relief: HA/DR）、後進国の能力構築（capacity building）を支えるような柔軟で自由な活動を担保するものと論じられた[26]。

グアムの戦略的価値の高まりがこのような形で語られる一方、その移転作業は普天間飛行場の問題が解決しないがゆえに遅れているとの認識も示され続けた[27]。むろん、この過程でも当初の問題意識であった沖縄の負担に対する配慮がなかったわけではない。国防総省は「沖縄の人々にとって最も重要なこと」として、「このような措置が騒音や安全、環境への懸念に直接応えるものである」ということを述べている[28]。しかしそれは、戦略的な目標を実現するための、長期的なプレゼンス維持に必要な手段として扱われる側面をみせるようになっていたことは、すでに述べた通りである。いずれにせよグアムでの兵力再編は、日米間のロードマップのみならず、世界的な展開戦略におけるかなめとなっていると位置づけられ、それゆえにその前提となる普天間飛行場の移設も確実に進めるべきものと論じられるようになっていったのである。

(2) 緊縮財政下におけるグアム移転の意味合い

国防総省がグアムの戦略的意味合いに加えて強調しているもう一つの点は、予算問題と移転に伴うグアムの地元住民への影響である。この時期までにグアムの軍事的増強は、島内の民生インフラ問題との関係において取り上げられてきており、2010年度国防予算権限法では国防総省による投資がグアムにおける民生インフラの整備にも寄与する形で実施されるべきであるとの見解が示されるようになっていた[29]。国防総省はこうした背景のもと、インフラの観点からもグアムへの投資を正当化するようになっていた。ロビンは2011年度予算においても海兵隊のグアム移転経費が要求されていることに言及し、これらの経費によって実施されるプロジェクトがグアムに展開する米軍にとって長期的な利益となるだけでなく、グアム政府の強力なサポートを得て、地元住民にも大きな影響を与えうるものであると述べている[30]。

さらに米国内ではリーマンショックの余波の下、FRF建設やグアム移転の問題が財政的な面からも懸念されるようになった[31]。予算削減のトレンドが強まる中で検討された2011年度国防予算権限法において、議会はグアム再編の重要性を認め、政権によるグアム再編の取り組みを支持する一方、予算権限の付与には抑制的な姿勢を見せるようになっていった。下院軍事委員会では政府監査院（Government Accountability Office: GAO）が発表したグアムのインフラ整備問題に関する報告書がとりあげられ、グアムにおける地域の民生インフラ整備にかかる費用についての包括的な計画や報告が存在していないこと、さらにこのことによって環境保護局（Environmental Protection Agency: EPA）の環境影響評価が低く見積もられていることなどが指摘された[32]。これらの問題点を踏まえて、下院軍事委員会は、包括的なインフラ計画の不在によってグアムの軍事力増強が強く抑制されるだけでなく、大規模なコスト超過を引き起こすことになるとの懸念を示しており、国防総省と内務省の協働によるグアム民生インフラ計画の策定に向けた準備を進めるよう勧告している[33]。

この問題について、上院軍事委員会はさらに細かな勧告をおこなっている。それは、グアムへの海兵隊移設費用に関して、①FRFの建設が国防総省や沖縄海兵隊の要請に応える形で「具体的な進展」をみせていることの証明、②グアムの地元住民や環境への悪影響を極小化する計画を含む文書、③国防総省の負担による民生インフラ等整備の見積もり、④グアムにおける8000人の海兵隊員やその家族、一時建設作業員を支える地元住民の要望に応えるための計画、⑤海兵隊訓練区域に必要な土地取得の着実な進展を求めることなどを含むものであった。

このような要求の背景には、沖縄におけるFRF建設の履行状況のほか、グアムにおける環境影響評価、両国による経費の分担、グアムにおける民生インフラの整備など多岐にわたる懸念が存在した。中でも特に、FRFの「具体的な進展」については、国防総省が沖縄県知事による埋め立て承認サインをそれとみなしていたにもかかわらず、実際には移設が遅延してきたことが問題視された。また、グアムにおける増員が、不十分な地元のインフラに悪影響を及ぼす可能性にも言及されている。委員会ではEPAによる評価やGAOの報告書を取り上げつつ[34]、こうした問題をめぐる責任の所在についても議論が及んだ。そこでは、EPAが指摘する地元のインフラ整備について、「地元への悪影響を回避」するために国防総省が取り組むべき問題であることを確認している[35]。

グアム移転予算をめぐる議会の抑制的な態度は、最終的に2011年度予算におけるグアム移転費用を大きく削減することにつながったが、それは2012年度予算をめぐるプロセスでさらに明確に打ち出されるようになった。上院軍事委員会の委員長を務めていたレヴィン（Carl Levin）議員は、2012年度予算に含まれていたグアム移転予算1億8100万ドルについて、国防総省が普天間移設の履行に関する明確な進展を見せられておらず、「このように重要かつ費用のかかる冒険を、不完全な情報と非現実的な計画に基づいたまま実施すべきではない」と述べ、引き続き反対の意思を示した[36]。

その後、2011年5月には、レヴィンは同じく上院議員のマケイン（John McCain）、ウェッブ（Jim Webb）とともに、現在の東アジアにおける米軍再編計画が、スケジュールの面で現実的ではなく、悪化する財政状況に鑑みても劇的に増加する費用をねん出することは不可能であるとして、国防総省に再検討を求める声明を発した。日本側の動静についても、東日本大震災によって財政状況が悪化する中での基地移設費用の負担が非常に厳しいものとなっていること、また、辺野古への移設が政治的に不可能になってきていることが指摘されている。このような問題意識を踏まえ、レヴィンらは普天間飛行場の機能を嘉手納空軍基地に統合していく案の重要性を改めて示すに至った[37]。

こうした議論は、財政面でのコスト削減、米軍基地の負担軽減、そして軍事的なプレゼンスの維持という観点からも正当化されうるものであった。むろん、地元の嘉手納町が基地に反対していることをみれば、必ずしもこうした提案が沖縄への配慮を主たる要因としたものではなく、むしろ議会が、日本側の政治問題によってもたらされる戦略的、財政的な影響の方を考慮したことが大きいということも推測されよう。特に予算の問題は、GAOの報告書においてグアム移転経費が国防総省の当初見積もりを大幅に超過するとの指摘がなされると、予算編成におけるその後の議論にも少なからぬ影響を与えるようになっていった[38]。

2011年度予算における大幅削減に続き、2012年度国防予算権限法においては、在沖海兵隊のグアム移転に係る予算の執行が凍結されることとなった。予算凍結にあたり両院協議会は、グアムが米国の安全保障枠組みにおいて引き続き戦略的価値の高い要素となることを確認する一方、必要な施設やインフラ建設に関する十分な情報が依然として提出されていないこと、また、日本政府によるFRFの建設に「具体的な進展」がみられないことで、迅速な軍事力の再編に係るリスクが高まっている状況を改めて問題視した。このような認識の下、国防長官による費用やスケジュールを含むマスタープランの提出やFRFの建設に関する「具体的な進展」を証明することなどが予算執行の条件として記載されることとなった[39]。このようにして、普天間飛行場移設の停滞は、米国の軍事戦略だけでなく、グアムへの移設予算や地元のインフラ問題に対しても大きな影響を与えるものとみられるようになったのである。

3　切り離しによるグアム移転の加速

前節までにみてきたように、アジア太平洋におけるグアムの戦略的価値が高まるのと並行して、軍事施設の増強に伴うインフラ整備の問題が注目を集めるようになった。また、インフラ問題は軍事的文脈だけでなく、民生面での効用を含めて議論されることとなった。その一方で、リーマンショックの発生後に国防予算への制約が強まる中、グアム移転の問題は、移設の費用対効果の面からも厳しく条件づけられるようになっていった。このような中、2012年２月に海兵隊のグアム移転と普天間飛行場の移設のパッケージが見直され、両者を再び切り離すことが発表された。後に議会でウィラード（Robert Willard）太平洋軍司令官が述べているように、切り離しの決定はそれまでの移転の遅れがパッケージに由来するものであるとの認識に立って進められたものであった[40]。ではそこで、米国内ではこれまで積み重なってきた問題に対していかなる議論が展開されたのだろうか。

（1）リバランス戦略における切り離しの意味

2012年４月27日の２＋２共同発表では、グアム移転と普天間飛行場移設の両案切り離しが明記されるとともに、「沖縄及びグアムにおける米海兵隊の部隊構成を調整する」として、兵力配置について以下の点が明記されている。

まず、沖縄に残留する海兵隊の兵力は、「第3海兵機動展開部隊司令部、第1海兵航空団司令部、第3海兵後方支援群司令部、第31海兵機動展開隊及び海兵隊太平洋基地の基地維持要員の他、必要な航空、陸上及び支援部隊」が含まれるものとされた。ただし、具体的な移転・残存部隊の内容についてはこの時点で示されてはおらず、最終的なプレゼンスの規模はロードマップに示された水準に従ったものとなるという。他方、グアムには「第3海兵機動展開旅団司令部、第4海兵連隊並びに第3海兵機動展開部隊の航空、陸上及び支援部隊の要素から構成される、機動的な米海兵隊のプレゼンス」を構築中であることが示されている[41]。

軍事戦略の面では、このような要素を含む切り離しの決定は、米国がアジア太平洋重視の方向へと舵を切ったことと関係している。2012年1月には防衛戦略指針（Defense Strategic Guidance: DSG）が発表され、そこでアジア太平洋地域へのリバランスが明記された[42]。また同月には「国防予算の優先順位と選択（Defense Budget Priorities and Choices: DBPC）」も発表された。そこではアジア太平洋地域へのリバランスに向けた取り組みを、兵力構成や予算措置のうえでも優先させていくことが明らかにされている[43]。こうした中、米国内では新たな兵力配置のコンセプトとして、「分散配置（Distributed Laydown）」の方針が打ち出されるようになっていた。それは、アジア太平洋地域において、より「地理的に分散され、作戦上の柔軟性を備え、政治的に持続可能な（geographically distributed, operationally resilient, and politically sustainable）」な兵力配置を目指すものであった[44]。リバランスが進められる中、国防総省や国務省からは、グアムの戦略的ハブ（strategic hub）としての価値がますます高まっているとの主張が繰り返しなされた。

リバランス戦略の中で兵力の分散配置が前面に打ち出される中、普天間飛行場と海兵隊グアム移転の切り離しは、米国が北東アジアにおける海兵隊の再編を進めることを可能にするという点で重要な意味を持つものとされた。ロビンは、切り離しに係る日米の共同声明を受け、米国が「地理的に分散され、作戦上の柔軟性を備え、政治的に持続可能な」米軍の展開を目指すことを確認している。そのうえで、「日本はこのようなイニシアティブを歓迎」しており、これに基づいてグアムを戦略的ハブとして発展させ、沖縄における再配置を含めて海兵隊のプレゼンスを維持していく作業が、同盟によるアジア太平洋戦略において重要な地位を占めるとの認識が示された。ロビンによれば、日米はこのような文脈において2006年ロードマップの修正について議論し、両案件の切り離しを提案するという結論に至ったという[45]。

それと同時に、グアムのインフラ問題もまた、このような文脈でなお強調されるものとなっていた。2013年度予算には、引き続き海兵隊のグアム移転経費が盛り込まれたが、そこには1億3940万ドルのグアム民生インフラに対する投資も含むこととされた。これは、上下水道の整備や浄化施設の改良、下水くみ上げ施設の予備電源等への投資を含むものとなるという[46]。むろん、それには費用の問題が大きなネックとなるが、そのような計画を実施するにあたって日本による負担を評価する向きも見られる。ロックリア（Samuel Locklear）太平洋軍司令官は、日本によるグアム移転費用の拠出について、「米国領土における軍事施設に投資するという前例のない動き」と位置づけつつ、こうした決定に伴う日本国内の論争の存在を意識しながらも積極的な評価を与えている[47]。これらのことは、切り離しの決定に際して米国側では軍事戦略のみならず、財政負担の問題やグアムにおけるインフラ整備問題への影響も考慮されていたことを示唆していると言えよう。

（2）議会による切り離しの容認

このように、切り離しの決定は米国側で生じたグアムをめぐる多角的な利害を反映したものと理解できよう。しかし、それは沖縄における戦略的価値の維持や基地負担の軽減といったパッケージ成立当初の政策課題に直接的な回答を与えるものではなかった。実際、沖縄における普天間飛行場の移設問題は、切り離し後も依然として東アジア地域の安全と即応体制の維持において重要な要素となっており、日米間で解決すべき問題として積極的に取り組んでいくことが確認された。国防総省は沖縄について、引き続き米軍の影響を緩和していくことの重要性を主張しつつ、日米の安全と軍事的即応性を確保するためにFRFへの投資を実施することが不可欠となるとの見解を示している[48]。普天間飛行場の辺野古移設が完全に実現すれば、同盟強化と作戦能力の向上につながるのみならず、沖縄の人々への基地負担を大幅に軽減することにもつながるという議論の構図は、切り離しの決定後においても変わっていない。この問題を解決するために、日本政府に対してロードマップの着実な履行を求めることも繰り返し強調された。つまり、切り離しの決定は沖縄以外のアジア太平洋戦略を整理し、グアム現地の要請にも対応するものであったが、沖縄がアジア太平洋戦略の重要なピースとして位置づけられたままとなっており、さらにその実現を日本政府の国内マネジメントにゆだねるものとなっている以上、戦略的な解決策としては満足のいくものではなかったとも理解することができよう。

実際に、議会は切り離しによる海兵隊移転プロジェクト自体の前進には一定程度の評価を与えつつも、総体的に見れば前年までに展開した批判への回答としては不十分なものと考えていた。レヴィンは、北朝鮮の指導者交代や中国の台頭といった従来型の脅威の問題だけでなく、大量破壊兵器の拡散や暴力的な原理主義者への対抗、HA/DR任務、シーレーン防衛の問題などにも触れ、太平洋軍が対応すべき課題の重要性を示唆したうえで、アジア太平洋地域におけるリバランスや軍事的プレゼンスの再編を戦略的な文脈だけでなく、持続性の観点からも重視した。同時に、レヴィンは沖縄の海兵隊再編問題についても、マケイン、ウェブとともに戦略目標の達成という観点だけでなく、財政的、政治的、外交的現実を見据えた現行計画の変更を求めてきたことを再確認している。そのうえで、レヴィンは日米の計画見直しを歓迎しているとしながらも、辺野古におけるFRFの建設はすでに不可能なものとなっており、この点についての再考がみられないがゆえに案としては不十分であるとの認識を示した[49]。また、マケインはグアム移転経費の「劇的な超過」についても議会に依然として大きな懸念が存在することを指摘し、この問題への対処を国防総省と軍に求めている[50]。

2013年度国防予算権限法案は、レヴィンらのこのような認識を委員会の決定として反映したものとなった。同法案においてはグアムの基地整備に関連する一部費用が計上されたほかは、依然として移転費用の執行条件に国防長官や太平洋軍による情報提供が盛り込まれるなど、前年度までの基本路線は維持されることとなった。その意味では、グアムの移設費用見積もりをめぐる懸念が払底されたわけではなかったが、その一方で、前年度までの予算権限法に記載されていた普天間飛行場の移設に関する「具体的な進展」の提示という条件は削除されることとなった[51]。このことは、普天間飛行場の移設と在沖海兵隊のグアム移転のパッケージが、予算法案上も解消されたことを意味する。

ここまでの議論をまとめれば、以下のようになろう。東アジアにおける軍事的脅威の高まりは、このようなアジア太平洋地域における兵力再配置の誘因の一つとなり、その中でグアム拠点整備の必要性が改めて確認されることとなった。それと同時に、こうした兵力再配置の構想を加速させたリバランス戦略は、財政制約を背景とした資源再配分の取り組みでもあったし、さらにグアムにおいてかねてから存在していたインフラの不足問題は、グアムの増強計画が具体化したことで政策課題としてのプライオリティを高められていったのである。その後、2014年度予算の策定に際して国防総省から発表されたDBPCに見られるように、切り離し後にはアジア太平洋戦略においてグアムが占める重要性がますます高く見積もられるようになり、それに向けた予算配分の重点化方針も示されるようになっている[52]。ただし、このようなグアムの文脈に依存する政策調整の取り組みは、当初の問題であった普天間飛行場移設という文脈においては政策課題を改めて提起するものとなったのであり、その点で切り離しの決定は、米国にとって両義的な措置でもあった[53]。

おわりに

本章では、米国が2000年代以降、いかにして普天間飛行場の沖縄県内移設の論理を組み立て、そこに海兵隊のグアム移転を関連づけていったのか、また、いったんはパッケージ化されたこれら2つの案件がなぜ再び切り離されることになったのかを、基地をめぐる米国内の政策論理の変化を追うことで検討した。その結論は、大きく次の二点に集約することができよう。

第一に、2000年代の米国の基地政策をめぐる基本的な政策論理は、軍事戦略上の要請と沖縄の政治的問題のバランスに大きく左右されており、その構図自体は状況が大きく変化する中でも動きにくい、ということができる。もとより、SACO最終報告までの経緯が示すように、普天間飛行場の移設計画は反基地運動が高まったことによって政治的に前景化したものであった。しかしその後、米国でグアムを中心とするアジア太平洋戦略の再編が検討されると、軍事戦略の文脈で普天間飛行場の移設や海兵隊のグアム移転、そしてこれらのパッケージ化が議論されるようになった。この背景には周知のとおり、中国の台頭や北朝鮮の動きなど、東アジア地域における軍事的環境の変化が存在した。普天間飛行場の移設と海兵隊のグアム移転をパッケージとして実施することは、脅威への対処と沖縄の負担軽減問題を同時に、かつ早急に解決することを狙うものであったと言えよう。

ところが、当初の想定とは裏腹に、沖縄における反基地運動の高まりは、むしろパッケージの実施を困難にするような状況を生み出した。グアムの戦略的重要性が高まる中、普天間の移設問題がボトルネックとなって再編が停滞することは、アジア太平洋戦略全体から見て好ましいことではなかった。このような事情の中で、米国は戦略的な必要性に迫られ、再び両案件を切り離すことによってグアムの増強を先行させることが求められたと理解することができるだろう。

第二に、こうした基地移設問題のパッケージ化と切り離しの経緯には、さらに米国内政上の要因も少なからず影響しているということである。特に切り離しの政策論理においては財政制約とグアムのインフラ整備問題に係る議論が表面にあらわれた。財政面では、日本が支出する駐留経費負担は従来から米国側でも海外展開における利点として重視されていた。それに加えて、グアム移転経費の負担分担が日米間で行われることとなり、その価値は緊縮財政下で大きく高まっていった。さらに財政制約のもとで限られた資源をいかに再配分するかが問題となる中、アジア太平洋地域へのリバランス戦略が提唱され、グアムを中心とする戦力の再編が重要な政策課題として前景化するようになった。言い換えるならば、海兵隊のグアム移転を加速させることへの動機は、軍事戦略的なものだけでなく、財政制約への対処という文脈によっても高められたのである。

さらにパッケージの成立以降、米国にとってのグアムの意味合いが軍事戦略的な側面だけでなく、インフラ整備の必要性という面からも変化していったことが、切り離しによるグアムへの先行移転の動機を形成する一因となった。グアムにおけるインフラ整備への要請は、一方で軍事力増強に際しての必要条件として高まっていたが、それに呼応する形で、グアムの側からもインフラ整備という政治課題が軍事力増強のための措置と結びつけられていった。こうした課題は、国防総省や議会の議論でも取り上げられるものとなり、グアム増強計画の着実な実施は、地元の民生を向上させるという面からも重視されるようになった。

以上のことは、2000年代に展開した普天間飛行場の移設と在沖海兵隊のグアム移転のパッケージ化、そしてその後の切り離しに至る過程が、軍事戦略と沖縄の負担軽減問題だけでなく、財政制約やインフラ整備問題といった米国内政上の要因との組み合わせによって規定されていることを示している。と同時に、これまでの議論が示すように、これらの要因は必ずしも独立してパッケージの成立と切り離しの経緯を規定しているだけでなく、部分的に複合し、連鎖することによって政策論理を形成していることも、最後に指摘しておかなければならないだろう。

［付記］

本章は、沖縄県知事公室地域安全政策課が実施した2014年度共同研究『沖縄の海兵隊をめぐる米国の政治過程』（2015年3月公刊）の筆者担当章「2000年代の普天間飛行場移設問題と在沖海兵隊のグアム移転――「切り離し」に至る米国の政策論理」（71-102頁）を加筆・修正したものである。

【注】

1 たとえば、ケント・E・カルダー『米軍再編の政治学――駐留米軍と海外基地のゆくえ』武井楊一訳、日本経済新聞出版社、2008年、Alexander Cooley, *Base Politics: Democratic Change and the U.S. Military Overseas*, Cornell University Press, 2008.

2 代表的なものとして、たとえばポール・ジアラ「在日米軍基地」マイケル・グリーン、パトリック・クローニン編『日米同盟――米国の戦略』川上高司監訳、勁草書房、1999年、42-65頁；守屋武昌『「普天間」交渉秘録』新潮社、2010年；船橋洋一『同盟漂流』岩波書店、1997年；池田慎太郎「国内問題としての日米同盟――基地問題の軌跡と現状」竹内俊隆編著『日米同盟――歴史・機能・周辺諸国の視点』ミネルヴァ書房、2011年、127-152頁等を参照。

3 川上高司「在日米軍再編と日米同盟」『国際安全保障』第33巻3号、2005年12月、17-40頁。

4 マイク・モチヅキ、マイケル・オハンロン「沖縄と太平洋における海兵隊の将来」沖縄県知事公室地域安全政策課調査・研究班編『変化する日米同盟と沖縄の役割――アジア時代の到来と沖縄』2013年、7頁、http://www.pref.okinawa.jp/site/chijiko/chian/naha_port/h24report.html。

5 池田佳代「グアム島における米軍再編計画の政治学――ワン・グアム言説を中心に」『文明科学研究』第5巻、2010年12月、35-52頁。池田の議論はグアムのインフラ問題についてまとめたものではあるが、普天間飛行場の移設問題とのリンケージや米国のアジア太平洋戦略の影響を検討するものではないため、本章の問題意識に照らし合わせて改めてこれらの関係について検討する余地が残されている。また、視点は異なるが、日本政府による財政支出とそれが基地の受け入れ自治体である沖縄に与える影響に着目した近年の研究として、次を参照。川瀬光義『基地維持政策と財政』日本経済評論社、2013年。

6　Thomas B. Fargo (Commander of U.S. Pacific Command, U.S. Navy), “Unified and Regional Commanders on their Military Strategy and Operational Requirement,” Department of Defense Authorization for Appropriations for Fiscal Year 2004, Hearings before the Committee on Armed Services, United States Senate, 108th Congress, 1st Session, March 13, 2003.

7　The Commission on Review of the Overseas Military Facility Structure of the United States, *Report to the Congress*, May 9, 2005, pp. C&R2, 4.

8　外務省ホームページ「日米安全保障協議委員会、共同発表」2005年2月19日、http://www.mofa.go.jp/mofaj/area/usa/hosho/pdfs/joint0502.pdf。

9　外務省ホームページ「日米同盟：未来のための変革と再編（仮訳）」2005年10月29日、http://www.mofa.go.jp/mofaj/area/usa/hosho/henkaku_saihen.html。なお、移転には「約7000名の海兵隊将校及び兵員、並びにその家族の沖縄外への移転」が含まれ、さらに「これらの要員は、海兵隊航空団、戦務支援群及び第三海兵師団の一部を含む、海兵隊の能力（航空、陸、後方支援及び司令部）の各組織の部隊から移転される」こととされている。

10　外務省ホームページ「再編実施のための日米ロードマップ（仮訳）」2006年5月1日、http://www.mofa.go.jp/mofaj/kaidan/g_aso/ubl_06/2plus2_map.html。

11　Department of Defense, “Pace Visits Guam to Assess Infrastructure Growth Plans,” DoD News Article, June 2, 2006, http://www.defense.gov/news/newsarticle.aspx?id=16147.

12　Shirley Kan, *Guam: U.S. Defense Deployments*, Congressional Research Service (CRS) Report, November 26, 2014, pp. 9, 13-14.

13　Jeff Bingaman (Senate, New Mexico-D, Chairman of the Senate Committee on Energy and Natural Resources), “Military Build-Up on Guam,” Hearing before the Committee on Energy and Natural Resources, United States Senate, 110th Congress, 2nd Session, May 1, 2008.

14　Madeleine Z. Bordallo (Delegate to Congress from Guam), “Military Build-Up on Guam,” May 1, 2008.

15　Felix P. Camacho (Governor of Guam), “Military Build-Up on Guam,” May 1, 2008.

16　Department of Defense, “Gates Views Massive Growth Under Way in Guam,” DoD News Article, May 30, 2008, http://www.defense.gov/news/newsarticle.aspx?id=50042.

17　Timothy J. Keating (Commander of U.S. Pacific Command, U.S. Navy), “United States Pacific Command, United States Forces-Korea, and United States Special Operations Command,” April 24, 2007.

18　James T. Conway (Commandant, U.S. Marine Corps), “Department of Defense: Department of the Navy: Office of the Secretary,” Department of Defense Appropriations for Fiscal Year 2009, Hearings before Subcommittee of the Committee on Appropriations, United States Senate, 110th Congress, 2nd Session,

March 12, 2008.

19 Daniel Inouye (Senate, Hawaii-D, Chairman of the Senate Committee on Appropriations) and James T. Conway, "Department of Defense: Department of the Navy: Office of the Secretary," March 12, 2008.

20 Joseph A. Benkert (to be Assistant Secretary of Defense), "Nominations of Hon. Nelson M. Ford to be Under Secretary of the Army; Joseph A. Benkert to be Assistant Secretary of Defense for Global Security Affairs; Sean J. Stackley to be Assistant Secretary of the Navy for Research, Development, and Acquisition; and Frederick S. Celec to be Assistant to the Secretary of Defense for Nuclear and Chemical and Biological Defense Programs," Hearing before the Committee on Armed Services, United States Senate, 110th Congress, 2nd Session, June 26, 2008.

21 外務省ホームページ「第三海兵機動展開部隊の要員及びその家族の沖縄からグアムへの移転の実施に関する日本国政府とアメリカ合衆国政府との間の協定」2009年2月27日署名、http://www.mofa.go.jp/mofaj/gaiko/treaty/pdfs/shomei_43.pdf。

22 Robert M. Gates, "Joint Press Conference with Japanese Defense Minister Toshimi Kitazawa and Secretary of Defense Robert Gates," Department of Defense, News Transcript, October 21, 2009, http://www.defense.gov/transcripts/transcript.aspx?transcriptid=4501.

23 Dorothy Robyn (Deputy Under Secretary of Defense for Installations and Environment), "Fiscal Year 2011 National Defense Authorization Act: Budget Request for Military Construction, Family Housing, Base Closure, Facilities Operation and Maintenance," National Defense Authorization Act for Fiscal Year 2011 and Oversight of Previously Authorized Programs, Hearing before the Subcommittee on Readiness of the Committee on Armed Services, House of Representatives, 111th Congress, 2nd Session, March 18, 2010.

24 R. Michael Schiffer (Deputy Assistant Secretary of Defense for Asia and Pacific Security Affairs, East Asia), "Long-Term Readiness Challenges in the Pacific," Hearing before the Subcommittee on Readiness of the Committee on Armed Services, House of Representatives, 112th Congress, 1st Session, March 15, 2011.

25 Ibid.

26 Ibid.

27 Randolph D. Alles (U.S. Marine Corps, Director, J-5, Strategic Planning and Policy, U.S. Pacific Command), "Long-Term Readiness Challenges in the Pacific," Hearing before the Subcommittee on Readiness, March 15, 2011.

28 R. Michael Schiffer, "Long-Term Readiness Challenges in the Pacific," March 15, 2011.

29 House of Representatives, *NDAA for FY 2010, Conference Report*, October 7, 2009, pp. 888-889.

30 Dorothy Robyn, "Fiscal Year 2011 National Defense Authorization Act: Budget

Request for Military Construction, Family Housing, Base Closure, Facilities Operation and Maintenance," March 18, 2010.

31 Bruce Klingner (Senior Research Fellow, The Heritage Foundation), "The Expanding U.S.-Korea Alliance," Hearing before the Subcommittee on Asia and the Pacific of the Committee on Foreign Affairs, House of Representatives, 112th Congress, 1st Session, October 26, 2011.

32 GAOの報告書については下記を参照。Government Accountability Office (GAO), *Defense Infrastructure: Planning Challenges Could Increase Risks for DOD in Providing Utility Services When Needed to Support the Military Buildup on Guam*, Report to Congressional Requesters, GAO-09-653, June 2009, http://www.gao.gov/assets/300/292015.pdf.

33 House Committee on Armed Services, *NDAA for FY 2011, Committee Report*, pp. 385, 509-510.

34 ここでは、ビンガマン下院議員らに宛てた下記の報告書が影響しているようである。GAO, *Defense Infrastructure: Guam Needs Timely Information from DOD to Meet Challenges in Planning and Financing Off-Base Projects and Programs to Support a Larger Military Presence*, GAO-10-90R, November 13, 2009, http://www.gao.gov/assets/100/96468.pdf.

35 Senate Committee on Armed Services, *NDAA for FY 2011, Committee Report*, pp. 243-247.

36 Carl Levin (Senate, Michigan-D, Chairman of the Senate Armed Services Committee), "Department of the Navy, Department of Defense Authorization for Appropriations for Fiscal Year 2012 and the Future Years Defense Program," Hearings before the Committee on Armed Services, United States Senate, 112th Congress, 1st Session, March 8, 2011.

37 3名の上院議員による声明については、たとえば以下を参照。"Senators Levin, McCain, Webb Call for Re-Examination of Military Basing Plans in East Asia: Warn Present Realignment Plans Are Unrealistic, Unworkable, and Unaffordable," John McCain's Web, May 11, 2011, http://www.mccain.senate.gov/public/index.cfm/press-releases?ID=e00453cd-c883-65d2-f9c3-489463b38af1.

38 GAO, *Military Buildup on Guam: Costs and Challenges in Meeting Construction Timelines*, GAO-11-459R, June 27, 2011, http://www.gao.gov/products/GAO-11-459R.

39 House of Representatives, *NDAA for FY 2012, Conference Report*, December 12, 2011, pp. 373-374, 758.

40 Robert F. Willard (Commander of U.S. Pacific Command, U.S. Navy), "Fiscal Year 2013 National Defense Authorization Act Budget Request from U.S. Pacific Command," Hearing before the Committee on Armed Services, House of Representatives, 112th Congress, 2nd Session, March 1, 2012.

41 外務省ホームページ「日米安全保障協議委員会、共同発表」2012年4月27日、http://

www.mofa.go.jp/mofaj/area/usa/hosho/pdfs/joint_120427_jp.pdf。

42 Department of Defense, *Sustaining U.S. Global Leadership: Priorities for the 21st Century Defense*, January, 2012, http://www.defense.gov/news/Defense_Strategic_Guidance.pdf.

43 Department of Defense, *Defense Budget Priorities and Choices*, January 2012, http://www.defense.gov/news/Defense_Budget_Priorities.pdf.

44 Joseph F. Dunford Jr. (Assistant Commandant, U.S. Marine Corps), "The Current Readiness of U.S. Forces," Department of Defense Authorization for Appropriations for Fiscal Year 2013 and the Future Years Defense Program, Hearing before the Committee on Armed Services, United States Senate, 112th Congress, 2nd Session, May 10, 2012.

45 Dorothy Robyn, "Military Construction, Environmental, and Base Closure Programs," Department of Defense Authorization for Appropriations for Fiscal Year 2013 and the Future Years Defense Program, Subcommittee on Readiness and Management Support of the Committee on Armed Services, United States Senate, 112th Congress, 2nd Session, March 21, 2012.

46 Ibid.

47 Samuel J. Locklear III (Commander of U.S. Pacific Command, U.S. Navy), "Nominations of Adm. Samuel J. Locklear III, U.S. Navy, for Reappointment to the Grade of Admiral and to be Commander, U.S. Pacific Command; and LTG Thomas P. Bostick, USA, for Reappointment to the Grade of Lieutenant General and to be Chief of Engineers / Commanding General, U.S. Army Corps of Engineers," Nominations before the Senate Armed Services Committee, 112th Congress, 2nd Session, February 9, 2012.

48 Dorothy Robyn, "Military Construction, Environmental, and Base Closure Programs," March 21, 2012.

49 Carl Levin, "U.S. Pacific Command and U.S. Transportation Command," Department of Defense Authorization for Appropriations for Fiscal Year 2013 and the Future Years Defense Program, Hearing before the Committee on Armed Services, United States Senate, 112th Congress, 2nd Session, February 28, 2012.

50 John S. McCain III (Senate, Arizona-R), "Department of the Navy," Department of Defense Authorization for Appropriations for Fiscal Year 2013 and the Future Years Defense Program, Hearing before the Committee on Armed Services, United States Senate, 112th Congress, 2nd Session, March 15, 2012.

51 House of Representatives, *NDAA for FY 2013, Conference Report*, December 18, 2012, pp. 523-524, 968-970.

52 Department of Defense, *Defense Budget Priorities and Choices: Fiscal Year 2014*, April 2013, http://www.defense.gov/pubs/DefenseBudgetPrioritiesChoicesFiscalYear2014.pdf.

53　当初から議論されてきた沖縄における軍事的プレゼンスの維持と地元の負担軽減の両立という課題のほか、普天間飛行場の移設スケジュールが白紙になったことで施設の老朽化問題が前景化し、さらにそのための財政負担をめぐる懸念も高まっている。House of Representatives, *NDAA for FY 2013, Conference Report*, December 18, 2012, p. 970; Senate Committee on Armed Services, *Inquiry into U.S. Costs and Allied Contribution to Support the U.S. Military Presence Overseas*, April 15, 2013, 113th Congress, 1st Session, pp. 53–57.

あとがき

沖縄の米軍基地問題を語るとき、「所与」という言葉を耳にする。日米安全保障体制を維持するため、戦略的要衝である沖縄への米軍配置は所与のものとする考えだ。このため沖縄の米軍基地の実に75%を占有する海兵隊の存在意義についての研究は皆無といっても過言ではない。本書は所与とされてきた海兵隊駐留の歴史と現状に着眼した初の試みである。

海兵隊が日本に駐留したきっかけは朝鮮戦争である。岐阜県や山梨県、静岡県などに分散配置された。休戦によって朝鮮半島情勢が落ち着くと、台湾海峡危機、そしてタイやインドシナ半島情勢を睨み沖縄へ移駐した、とされている。米国防総省などの文書にはそう記されている。しかし海兵隊の駐留史を分析していくと、戦略的な理由よりもむしろ政治的な背景が強く影響したことがわかってくる。

海兵隊は海軍の下部機関であり、もっぱら海軍艦船で移動する。台湾海峡からインドシナを臨む広範なエリアをカバーしながら、沖縄に配備された海兵隊は独自の輸送手段を有していなかった。戦略的な理由だけで海兵隊の沖縄配備は説明できない（第4章参照）。さらに当時は米陸軍、空軍がすでに巨大施設を建設していたため、海兵隊が沖縄に割り込むには新たな基地用地の強制接収が不可欠になる。沖縄に派遣されたスティーブス在沖米総領事（1956年まで駐在）は、東京のアリソン在日米大使や国務省の同僚に海兵隊の沖縄配備に対する懸念をしたためた書簡を送っている。

アリソン大使へは海兵隊の配備による用地接収により大勢の住民から土地や家屋を奪うことになり、「基地問題は解決不能となるだろう」と報告した。スティーブス総領事も当初は沖縄の戦略的な重要性から米軍機能が集約することはアジアの安全保障上、不可欠だと考えていた。ところがワシントンから沖縄視察に訪れた米陸軍副長官らが海兵隊の沖縄配備に反対していたことを知り、驚愕した。さらに海兵隊も反対であることを知る。

総領事からの報告に対し、アリソン大使は、国防総省の決定に首を突っ込まないように、と諌めている。スティーブス総領事はワシントンの同僚への手紙に、「海兵隊移転を説明できるのは、国防長官だけだ」と書いた。

およそ半世紀を経て、米軍再編によって在沖海兵隊の主力兵力をグアムなどへ撤退させることが2006年までに決まった。沖縄の海兵隊を半減する大きな兵力移転だ。2007年に太平洋司令部があるハワイで取材していた筆者は、スティーブス総領事が手紙に書いた言葉を同司令部で聞いた。作戦運用を担当していた海兵隊幹部は、「移転を説明できるのはラムズフェルド国防長官だけだ」と語った。

海兵隊は司令部と地上戦闘部隊、航空部隊、後方支援部隊の4機能がワンセットで運用される。司令部は作戦の種類、規模などに応じて、各部隊から必要なユニットを抽出して任務部隊を編成する。その集団が海軍艦船で出撃していくのが通常の展開方法だ。多機能部隊の一体運用を可能にするために海兵隊は部隊間の訓練、連絡を怠らない。

この一体運用を崩してグアムやオーストラリア、ハワイなどへ分散配置できる新たな戦略、戦術が米軍再編によって編み出されたのかを知りたくてハワイへ渡ったのだが、結局1年を費やした取材によって得られた成果は、「軍事は政治が決める」というシビリアンコントロールの基本を再確認しただけだった。

海兵隊の配置が大きく変わるときには政治の意思が強く反映されることが、本書で展開した海兵隊駐留史からみてとれる。いまなお解決を見ない普天間飛行場の移設問題は、1995年9月に起きた米海兵隊員による少女暴行事件がきっかけで、橋本龍太郎首相が96年２月の日米首脳会談でクリントン大統領に直接返還を求めたことから始まったとされる。外務防衛官僚は橋本首相に返還要求を持ち出すことには強く反対していた。普天間返還合意も政治力が働いた好例といえる。

日米同盟の「体制」を維持しながら、「態勢」の変更は可能であり、それは時の政治のリーダーシップによることを海兵隊駐留史が示している。いま普天間飛行場の移設問題をめぐる混迷は、軍の構成や配置は政治が決めるという当然の思想の欠落に起因しているといえよう。「所与」とされてきた米軍駐留の有り様を検討するうえで本書が今後の知的作業の一助となれば幸いである。

2016年４月

執筆者を代表して　屋良朝博

巻末資料

在沖海兵隊の配備の変遷

第3海兵師団司令部	
1953年 8月	キャンプ岐阜に配備
1956年 2月	沖縄のキャンプ・コートニーに移転
1965年 4月	南ベトナムに移動
1969年11月	沖縄のキャンプ・コートニーに再配備

第3海兵師団第3連隊	
1953年 8月	山梨・静岡にまたがるキャンプ富士ーマックネイアに配備
1957年 8月	沖縄のキャンプ瑞慶覧に移転
1965年 3月	南ベトナムに移動
1969年10～11月	カリフォルニアのキャンプ・ペンドルトンに移転

第3海兵師団第4連隊	
1953年 8月	キャンプ奈良に配備
1955年 2月	ハワイのキャンプ・カネオへに移転
1965年 5月	南ベトナムに移動
1969年11月	沖縄のキャンプ・ハンセンに移転
1979年 4月	沖縄のキャンプ・シュワブに移転

第3海兵師団第9連隊	
1953年10月	キャンプ岐阜に配備
1954年 2月	キャンプ信太山に移転
1954年 7月	キャンプ堺に移転
1955年 7月	沖縄のキャンプ・ナプンジャに移転
1956年 1月	沖縄のキャンプ瑞慶覧に移転
1965年 3月	南ベトナムに移動
1969年 8月	沖縄のキャンプ・シュワブに移転

第1海兵航空団司令部	
1956年 7月	岩国基地に配備
1965年 5月	南ベトナムに移動
1971年 4月	岩国基地に再配備
1976年 4月	沖縄のキャンプ瑞慶覧に移転

出典：The 3D Marine Division and Its Regiments

在日・在沖米軍兵力数比較

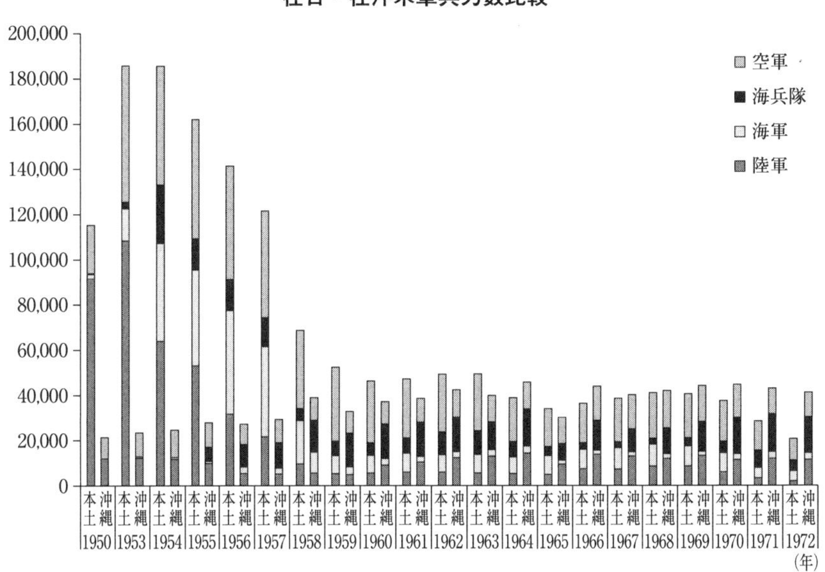

出典：Active Duty Military Personnel Strength

略語一覧

略語	英語名称	日本語名称
CINCPAC	Commander in Chief, Pacific	太平洋軍司令部
DPRI	Defense Policy Review Initinative	防衛政策見直し協議
DoD	Department of Defense	国防総省
DoS	Department of State	国務省
EASR	East Asian Security Report	東アジア戦略報告
FRF	Futenma replacement facility	普天間代替施設
GPR	Global Posture Review	米軍配備態勢の見直し
ISA	International Security Agency	国際安全保障局（国防総省）
JCS	Joint Chiefs of Staff	統合参謀本部
MAF	Marine Amphibious Force	海兵水陸両用軍
MAG	Marine Air Group	海兵航空群
MAGTF	Marine Air-Ground Task Force	海兵空陸任務部隊
MAW	Marine Air Wing	海兵航空団
MAU	Marine Amphibious Unit	海兵水陸両用部隊
MEF	Marine Expeditionary Force	海兵遠征軍
MEU	Marine Expeditionary Unit	海兵遠征部隊
NATO	North Anlantic Treaty Organization	北大西洋条約機構
NSC	National Security Council	国家安全保障会議
NSDM	National Security Decision Memorandum	国家安全保障決定覚書
NSSM	National Security Study Memorandum	国家安全保障研究覚書
OCB	Operations Coordinating Board	企画調整委員会
SACO	Special Action Committee on Okinawa	沖縄に関する特別行動委員会
SCC	Security Consultive Committee	日米安全保障協議委員会
SCG	Security Consultive Group	日米安保運用協議会
SEATO	South East Asia Treaty Organization	東南アジア条約機構
SSC	Security Subcommittee	日米安全保障高級事務レベル協議
USCAR	United States Civil Administration of the Ryukyu Islands	琉球列島米国民政府

著者略歴

屋良朝博（やら ともひろ）

1962年沖縄県生まれ。フィリピン大学経済学部卒業。沖縄タイムス入社後、ハワイ東西センター客員研究員、論説委員を歴任。現在、沖縄国際大学非常勤講師。著書に、『砂上の同盟――米軍再編が明かすウソ』（沖縄タイムス社、2009年）、『誤解だらけの沖縄・米軍基地』（旬報社、2012年）。

川名晋史（かわな しんじ）

1979年北海道生まれ。青山学院大学大学院国際政治経済学研究科国際政治学専攻博士後期課程修了。博士（国際政治学）。(財)平和・安全保障研究所客員研究員。著書に、『基地の政治学――戦後米国の海外基地拡大政策の起源』（白桃書房、2012年、国際安全保障学会最優秀出版奨励賞受賞）。

齊藤孝祐（さいとう こうすけ）

1980年千葉県生まれ。筑波大学大学院人文社会科学研究科国際政治経済学専攻一貫制博士課程修了。博士（国際政治経済学）。横浜国立大学特任講師。主要論文に、「米国の安全保障政策における無人化兵器への取り組み――イノベーションの実行に伴う政策調整の諸問題」（『国際安全保障』第42巻第2号、2014年9月）。

野添文彬（のぞえ ふみあき）

1984年滋賀県生まれ。一橋大学大学院法学研究科博士課程修了。博士（法学）。沖縄国際大学法学部地域行政学科准教授。主要論文に、「沖縄米軍基地の整理縮小をめぐる日米協議1976-1974年」（『国際安全保障』第41巻第2号、2013年）。

山本章子（やまもと あきこ）

1979年北海道生まれ。一橋大学大学院社会学研究科博士課程修了。博士（社会学）。第一法規編集者を経て、現在、沖縄国際大学非常勤講師。主要論文に、「米国の海外基地政策としての安保改定――ナッシュ・レポートをめぐる米国政府内の検討」（『国際政治』第182号、2015年11月）。

沖縄と海兵隊
駐留の歴史的展開

2016年6月10日　初版第1刷発行

著　者　屋良朝博・川名晋史・齊藤孝祐・野添文彬・山本章子
装　丁　宮脇宗平
発行者　木内洋育
発行所　株式会社 旬報社
〒112-0015 東京都文京区目白台2-14-13
TEL 03-3943-9911　FAX 03-3943-8396
ホームページ http://www.junposha.com/
印刷製本　シナノ印刷株式会社

ISBN978-4-8451-1464-1